● 指導者のみなさまへ ●
成績に応じて，金メダル・銀メダルをはってあげましょう。
勉強のはげみになるよう，このシールを上手に利用してください。

since 1890
受験研究社

JN026660

もくじと学しゅうのきろく

本書に関する最新情報は，当社ホームページにある**本書の「サポート情報」**をご覧ください。（開設していない場合もございます。）

1 10までの　かず

学習の
ねらい

- ✓ 10までの数を数え，数字で表すことができるようにします。
- ✓ ものの数の多少を比較する力をつけます。
- ✓ 0という数を理解します。

ステップ1

1 えと　おなじ　かずだけ　◯に　いろを　ぬりましょう。

(1)

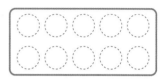

(2)

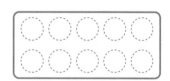

(3)

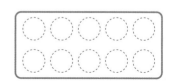

2 おさらに　いちごは　なんこ　ありますか。□に　かずを　かきましょう。

(1)

□こ

(2)

□こ

(3)

□こ

(4)

□こ

3 どちらの　かずが　おおいですか。おおい　ほうに
○を　つけましょう。

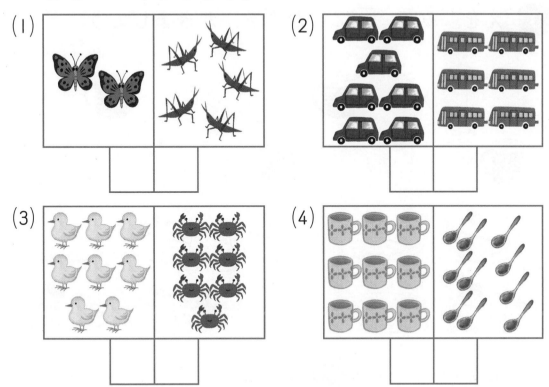

(1)

(2)

(3)

(4)

4 どちらの　かずが　おおきいですか。　おおきい
ほうに　○を　つけましょう。

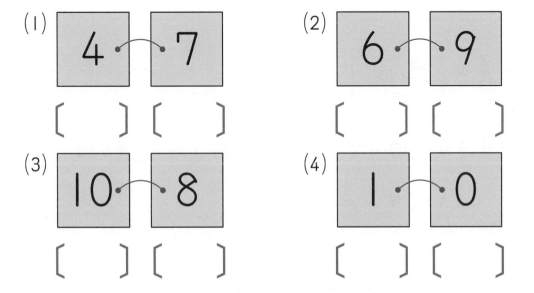

(1) 4 ・7　　〔　〕〔　〕

(2) 6 ・9　　〔　〕〔　〕

(3) 10 ・8　　〔　〕〔　〕

(4) 1 ・0　　〔　〕〔　〕

月　日　こたえ ➡ べっさつ1ページ

⏰じかん 10ぷん　✏とくてん
👍ごうかく 80てん　　　　　てん

シール

1 えを　みて，□に　かずを　かきましょう。

(50てん/1つ10てん)

(1) あかい　こっぷ🟫は　□こです。

(2) しろい　こっぷ🟦は　□こです。

(3) けえき🍰は　□こです。

(4) けえきが　のって　いない　おさら⬭は

　　□まいです。

(5) おさらは　ぜんぶで　□まいです。

2 えを みて, こたえましょう。(30てん/1つ10てん)

(1) りんごは なんこ ありますか。   〔　　　〕こ

(2) みかんは なんこ ありますか。   〔　　　〕こ

(3) りんごと みかんでは, どちらが おおいですか。

〔　　　　　　　　〕

3 すうじかあどが あります。(20てん/1つ10てん)

(1) 6より おおきい かずを ぜんぶ えらんで,
　　○を つけましょう。

| 5 | 9 | 7 | 3 | 10 |

(2) 4より ちいさい かずを ぜんぶ えらんで,
　　○を つけましょう。

| 5 | 1 | 8 | 3 | 0 |

2 なんばんめ

✓ 個数を表す数と，順番を表す数を使い分けることができるようにします。
✓ 左右，前後，上下の方向を表す言葉と組み合わせて，位置を表します。

 ステップ1

1 いろを　ぬりましょう。

(1) ひだりから　2つめ

(2) みぎから　3つめ

(3) みぎから　3つ

2 □に　かずを　かきましょう。

いろの　ついた　りんごは　ひだりから　□つ

め，みぎから　□つめです。

3 □に　かずを　かきましょう。

まえ　🚗🚗🚗🚗🚗🚗🚗　うしろ

(1) くるまが　□　だい　とまって　います。

(2) いろの　ついた　くるまは　まえから　□　ばんめで，うしろから　□　ばんめです。

(3) いろの　ついた　くるまの　まえには　□　だい，うしろには　□　だい　あります。

4 □に　かずや　ことばを　かきましょう。

(1) とけいは　うえから　□　ばんめです。

(2) ぼおるは　したから　□　ばんめです。

(3) いちばん　うえに　ある　ものは　□　です。

(4) いちばん　したに　ある　ものは　□　です。

うえ

ぼうし
とけい
ぼおる
ばっと
えほん

した

1 こどもが ならんで います。 (50てん/1つ10てん)

まえ ... うしろ

(1) こどもは なんにん ならんで いますか。

〔　　〕にん

(2) たけしさんは まえから なんばんめですか。

〔　　〕ばんめ

(3) なつみさんは うしろから なんばんめですか。

〔　　〕ばんめ

(4) なつみさんの うしろには なんにん いますか。

〔　　〕にん

(5) まえから 5ばんめの ひとは, うしろから なんばんめですか。

〔　　〕ばんめ

2 かさが 9ほん ならんで います。(30てん/1つ10てん)

(1) ゆうとさんの かさは，ひだりから 2ほんめです。
ゆうとさんの かさに ○を つけましょう。

(2) あゆみさんの かさの みぎには，かさが 2ほん
あります。あゆみさんの かさに ×を つけま
しょう。

(3) ゆうとさんの かさと，あゆみさんの かさの あ
いだに，かさは なんぼん ありますか。

〔　　〕ほん

3 つみきを 6こ つみました。(20てん/1つ10てん)

(1) うえから 2この つみきを あかで，し
たから 3この つみきを くろで ぬり
ましょう。

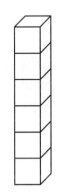

(2) いろが ぬられなかった つみきは なん
こですか。

〔　　〕こ

いくつと いくつ

学習の ねらい
☑ 10 までの数の合成・分解ができるようにします。
☑ 10 までの数の構成を理解させます。

 ステップ 1

1 りんごが 5こ あります。なんこと なんこに わかれて いますか。□に かずを かきましょう。

(1)

2こ と □こ

(2)

□こ と □こ

2 ◯が 6こに なるように せんで むすびましょう。

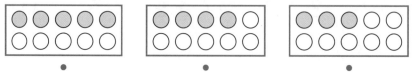

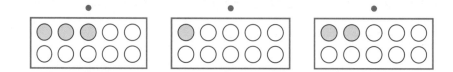

3 7に なるように せんで むすびましょう。

| 6 | 5 | 4 |

| 2 | 3 | 1 |

4 あと いくつで 10に なりますか。

(1)

〔　　〕

(2)

〔　　〕

(3)

〔　　〕

(4)

〔　　〕

(5)

〔　　〕

(6)

〔　　〕

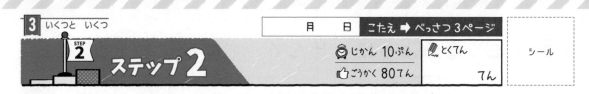

1 えを みて, □に かずを かきましょう。（10 てん）

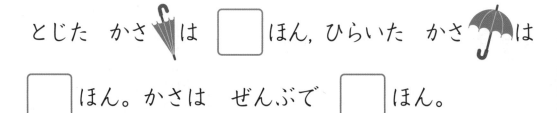

とじた かさ は □ ほん, ひらいた かさ は

□ ほん。かさは ぜんぶで □ ほん。

2 あめは なんこ ありますか。□に かずを かき

ましょう。（20 てん / 1 つ 10 てん）

(1)

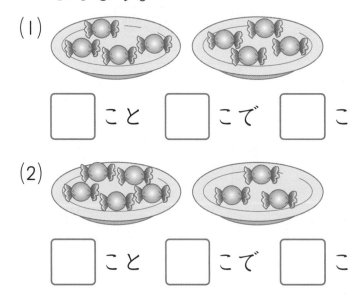

□ ことと □ こで □ こ

(2)

□ ことと □ こで □ こ

3 えを みて, こたえましょう。(20てん/1つ10てん)

(1) おはじきは 6こ あります。かくれて いるのは なんこですか。

〔　　〕に

(2) あと なんこで 10こに なりますか。

〔　　〕に

4 □に かずを かきましょう。(50てん/1つ10てん)

(1) 2と 2で □ です。

(2) 3と 6で □ です。

(3) 5と 5で □ です。

(4) 7は 4と □ に わけられます。

(5) 10は 2と □ に わけられます。

4 たしざんで　かんがえよう①

学習の
ねらい

- ⊘ たし算の意味を理解させます。
- ⊘ たし算の場面を式に表し，数を求めることができるようにします。
- ⊘ 繰り上がりのない1けたのたし算が正確にできるようにします。

1 みかん　2こと　3こを　あわせると，なんこに
なりますか。

（しき）　□ ＋ □ ＝ □

こたえ〔　　〕こ

2 けえきが　はこに　4こ，おさらに　2こ　ありま
す。ぜんぶで　なんこ　ありますか。

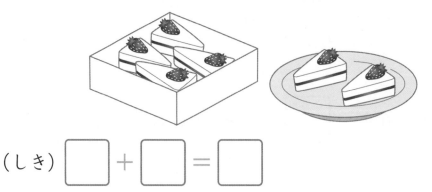

（しき）　□ ＋ □ ＝ □

こたえ〔　　〕こ

14

3 おんなのこが　3にん，おとこのこが 4にん　います。みんなで　なんにん います。

(しき) □ + □ = □

こたえ 〔　　〕にん

4 ひよこが　6わ　います。1わ　ふえると，なんわ に　なりますか。

(しき) □ + □ = □

こたえ 〔　　〕わ

5 たまいれを　しました。はいった　たまの　かずを あわせると　なんこに　なりますか。

(1) 1かいめ　　2かいめ

(しき) □ + □ = □
　　　 1かいめ　　2かいめ

こたえ 〔　　〕こ

(2) 1かいめ　　2かいめ

(しき) □ + □ = □
　　　 1かいめ　　2かいめ

こたえ 〔　　〕こ

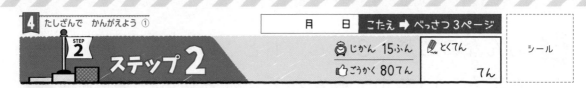

1 いちご 3ことと 2こを あわせると, なんこに なりますか。(10てん)

（しき）

こたえ 〔　　〕こ

2 あかい はなが 5ほん, しろい はなが 3ぼん あります。ぜんぶで なんぼん ありますか。(15てん)

（しき）

こたえ 〔　　〕ほん

3 いすに すわって いる ひとが 5にん, たって いる ひとが 4にん います。みんなで なんにん いますか。(15てん)

（しき）

こたえ 〔　　〕にん

4 くるまが 7だい とまって います。3だい くると, なんだいに なりますか。(15てん)

（しき）

こたえ 〔　　〕だい

5 おりがみを　8まい　もって　いました。2まい
もらいました。もって　いる　おりがみは　なんま
いに　なりましたか。(15 てん)

(しき)

こたえ [　　　]まい

6 きんぎょすくいを　しました。あやさんは　3びき
すくいました。ゆきさんは　1ぴきも　すくえませ
んでした。(30 てん/ 1 つ 15 てん)

(1) おはなしに　あう　えに　○を　つけましょう。

あや　　ゆき　　　あや　　ゆき　　　あや　　ゆき

[　　　]　　　　[　　　]　　　　[　　　]

(2) ふたりの　きんぎょの　かずを　あわせると　なん
びきに　なりますか。

(しき)

こたえ [　　　]びき

5 ひきざんで　かんがえよう①

学習の
ねらい
- ☑ ひき算の意味を理解させます。
- ☑ ひき算の場面を式に表し，数を求めることができるようにします。
- ☑ 繰り下がりのない1けたのひき算が正確にできるようにします。

 ステップ1

1 つみきが　5こ　あります。2こ　とると，のこり
は　なんこに　なりますか。

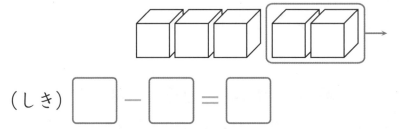

（しき）☐ － ☐ ＝ ☐

こたえ〔　　〕こ

2 いぬが　6ぴき，ねこが　4ひき　います。いぬと
ねこの　かずの　ちがいは　なんびきですか。

（しき）☐ － ☐ ＝ ☐

こたえ〔　　〕ひき

3 こどもが　8にん　います。
おとこのこは　3にんです。
おんなのこは　なんにんです
か。

(しき) □ － □ ＝ □

こたえ 〔　　〕にん

4 せみが　9ひき　とまって　います。
2ひき　とんで　いくと，なんびきに
なりますか。

(しき) □ － □ ＝ □

こたえ 〔　　〕ひき

5 かえるが　3びき　います。3
びき　いなく　なると，なんび
きに　なりますか。

(しき) □ － □ ＝ □

こたえ 〔　　〕ひき

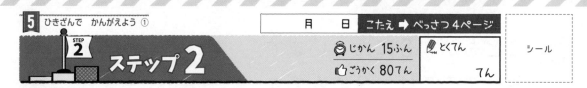

1 ぼうしが 5こ あります。3こ とると, のこり
は なんこに なりますか。(10てん)

（しき）

こたえ [　　　] こ

2 りんごが 7こ, みかんが 4こ あります。りん
ごと みかんの かずの ちがいは なんこですか。

(15てん)

（しき）

こたえ [　　　] こ

3 あかい かさが 6ぽん, くろい かさが 9ほん
あります。どちらが なんぼん おおいですか。

(15てん)

（しき）

こたえ [　　　　　] い かさが [　　　] ぼん おおい。

4 あたらしい えんぴつが 4ほん あります。1ぽ
ん けずると, けずって いない えんぴつは な
んぼんに なりますか。(15てん)

（しき）

こたえ [　　　] ぼん

5 こどもが　9にん　います。ぼうしを　かぶって
いる　こどもは　3にんです。ぼうしを　かぶって
いない　こどもは　なんにんですか。(15てん)
（しき）

こたえ〔　　〕にん

6 おりがみが　10まい　あります。5まい　つかう
と，のこりは　なんまいに　なりますか。(15てん)
（しき）

こたえ〔　　〕まい

7 えを　みて，7－2＝5　の
しきに　なる　おはなしを
します。□に　かずや
ことばを　かきましょう。

(15てん)

みかんが　□こ　あります。

りんごが　□こ　あります。

□　の　ほうが　□こ　おおいです。

1 ぼおるは　なんこ　ありますか。(20てん/1つ10てん)

(1)

(2)

〔　　　〕に　　　　　　　　　　〔　　　〕に

2 すうじかあどが　5まい　あります。(20てん/1つ10てん)

| 7 | 10 | 5 | 0 | 3 |

(1) かずが　ちいさい　じゅんに　ならべましょう。

〔　　→　　→　　→　　→　　〕

(2) ちいさい　ほうから　2ばんめの　かあどは　どれ
ですか。　　　　　　　　　　　　　　　〔　　〕

3 こどもが　7にん　ならんで　います。

(20てん/1つ10てん)

まえ  うしろ

(1) まえから　3にんを　□で　かこみましょう。

(2) あと　なんにんで　10にんに　なりますか。

〔　　〕にん

4 あめを，みなみさんは 5こ，ゆうとさんは 4こ
たべました。ふたりが たべた あめの かずは
あわせて なんこに なりますか。(10てん)

(しき)

こたえ 〔　　　〕こ

5 あんぱんが 6こ，めろんぱんが 10こ ありま
す。どちらが なんこ おおいですか。(10てん)

(しき)

こたえ 〔　　　　　　〕が 〔　　　〕こ おおい。

6 ばすに 9にん のって います。ばすていで ひ
とり のって きました。ばすに のって いる
ひとは なんにんに なりましたか。(10てん)

(しき)

こたえ 〔　　　〕にん

7 おべんとうばこに おにぎりが 4こ はいって
いました。おにぎりを 4こ たべました。おべん
とうばこの なかの おにぎりは なんこに なり
ましたか。(10てん)

(しき)

こたえ 〔　　　〕こ

6 20までの かず

学習の
ねらい

- ✓ 20までの数の構成を理解します。
- ✓ 20までの数の大小比較ができるようにします。
- ✓「10いくつ＋いくつ」、「10いくつ－いくつ」の文章題に取り組みます。

ステップ1

1 かずを かきましょう。

(1) 　　〔　　　〕

(2) 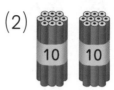　　〔　　　〕

(3) 2とびで かぞえま
しょう。

〔　　　〕

(4) 5とびで かぞえま
しょう。

〔　　　〕

2 □に あてはまる かずを かきましょう。

(1) 10と 1で □

(2) 10と 5で □

(3) 10と 10で □

(4) 12は 10と □

(5) 19は □と 9

(6) 20は □と 10

3 □に あてはまる かずを かきましょう。

(1) | 10 |—| 11 |—| |—| 13 |—| |—| |

(2) | 20 |—| |—| 18 |—| |—| 16 |—| 15 |

4 かずのせんの めもりに すうじを かきましょう。

0   5

5 おおきい ほうに ○を つけましょう。

(1) | 11 | 8 |

(2) | 16 | 19 |

(3) | 20 | 12 |

6 □に あてはまる かずを かきましょう。

(1) 10 より 5 おおきい かずは □ です。

(2) 14 より 3 ちいさい かずは □ です。

(3) 16 より 6 ちいさい かずは □ です。

(4) 18 より 2 おおきい かずは □ です。

(5) 20 より 1 ちいさい かずは □ です。

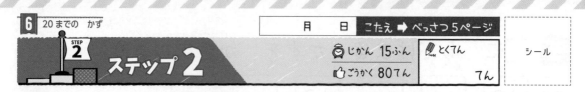

ステップ**2**

1 あかい おりがみが 10まい, あおい おりがみ が 4まい あります。あわせて なんまい あり ますか。(10てん)

（しき）

こたえ [　　　] まい

2 ばすに おとなが 12にん, こどもが 6にん のって います。みんなで なんにん のって い ますか。(10てん)

（しき）

こたえ [　　　] にん

3 はとが 15わ いました。そこへ 4わ とんで きました。なんわに なりましたか。(10てん)

（しき）

こたえ [　　　] わ

4 かあどを 11まい もって います。7まい も らうと, かあどは なんまいに なりますか。(10てん)

（しき）

こたえ [　　　] まい

5 あかい　はなが　15ほん，しろい　はなが　5ほん　さいて　います。どちらが　なんぼん　おおいですか。(15てん)

(しき)

こたえ〔　　　〕い　はなが〔　　〕ぽん　おおい。

6 いちごが　19こ　あります。7こ　たべると，のこりは　なんこに　なりますか。(15てん)

(しき)

こたえ〔　　〕こ

7 こうえんに　こどもが　16にん　いました。3にん　かえりました。こうえんに　いる　こどもは　なんにんに　なりましたか。(15てん)

(しき)

こたえ〔　　〕にん

8 こどもが　18にん　います。そのうち　6にんが　おとこのこです。おんなのこは　なんにんですか。

(15てん)

(しき)

こたえ〔　　〕にん

7 たしざんで　かんがえよう②

学習の
ねらい

- ✓ 繰り上がりのあるたし算を使った文章題に取り組みます。
- ✓ 問題の文章を読んで，情景を理解し，立式できるようにします。

 ステップ **1**

1 ぷりんが　はこに　8こ，ふくろに　3こ　あります。あわせて　なんこ　ありますか。

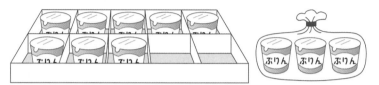

（しき）

こたえ〔　　　　　〕

2 しろい　たまごが　6こ，いろの　ついた　たまごが　8こ　あります。あわせて　なんこ　ありますか。

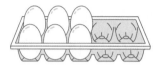 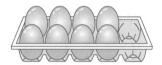

（しき）

こたえ〔　　　　　〕

3 あかい おはじきが 6こ, くろい おはじきが
6こ あります。あわせて なんこ ありますか。

（しき）

こたえ [   ]

4 かあどを 7まい もって いま
す。おねえさんから 4まい も
らうと, ぜんぶで なんまいに
なりますか。
（しき）

こたえ [   ]

5 こどもが 5にん あそんで
います。そこへ 9にん きま
した。みんなで なんにんに
なりましたか。
（しき）

こたえ [   ]

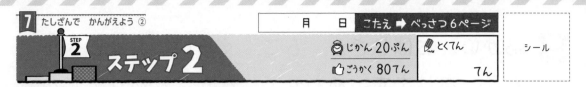

7 たしざんで かんがえよう ②

月　日　こたえ ➡ べっさつ6ページ

ステップ2

⏰ じかん 20ぷん
👍 ごうかく 80てん

✏ とくてん

てん

シール

1 くろねこが　9ひき，みけねこが　4ひき　います。
あわせて　なんびき　いますか。(10てん)
（しき）

こたえ〔　　　　　　〕

2 しいるを，こうたさんは　7まい，わたるさんは
8まい　もって　います。あわせて　なんまいに
なりますか。(15てん)
（しき）

こたえ〔　　　　　　〕

3 おんなのこが　5にん，おとこのこが　6にん　い
ます。みんなで　なんにん　いますか。(15てん)
（しき）

こたえ〔　　　　　　〕

4 いすに　すわって　いる　ひとが　7にん，たって
いる　ひとが　7にん　います。あわせて　なんに
ん　いますか。(15てん)
（しき）

こたえ〔　　　　　　〕

5 すずめが　6わ　いました。9わ　とんで　きました。ぜんぶで　なんわに　なりましたか。(15てん)

（しき）

こたえ〔　　　　　〕

6 ばすていに　4にん　ならんで　いました。あとから　8にん　ならびました。みんなで　なんにん　ならんで　いますか。(15てん)

（しき）

こたえ〔　　　　　〕

7 えを　みて，9+7=16 の　しきに　なる　おはなしを　します。□に　かずを　かきましょう。(15てん)

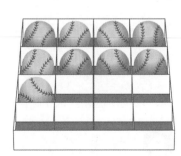

はこに　ぼおるを　□こ　いれました。

あと　□こ　ぼおるが　はいります。

はこには　ぜんぶで　□こ　ぼおるが　はいります。

8 ひきざんで　かんがえよう②

学習の
ねらい
☑ 繰り下がりのあるひき算を使った文章題に取り組みます。
☑ 問題の文章を読んで，情景を理解し，立式できるようにします。

ステップ1

1 ちょこれえとが　12こ　あります。3こ　たべる
と，のこりは　なんこに　なりますか。

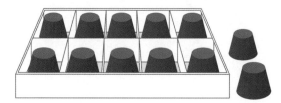

（しき）

こたえ 〔　　　　　〕

2 たまごが　13こ　あります。9こ　つかうと，の
こりは　なんこに　なりますか。

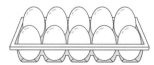 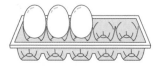

（しき）

こたえ 〔　　　　　〕

3 あかい　おはじきが　11こ，くろい　おはじきが
6こ　あります。ちがいは　なんこですか。

(しき)

こたえ〔　　　　　〕

4 きってが　15まい　あります。8まい　つかうと，
のこりは　なんまいに　なりますか。

(しき)

こたえ〔　　　　　〕

5 はこに　ちょこれえとが　16こ，
くっきいが　9こ　はいって　い
ます。どちらが　なんこ　おおい
ですか。

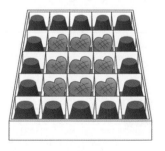

(しき)

こたえ〔　　　　　　〕が〔　　〕こ　おおい。

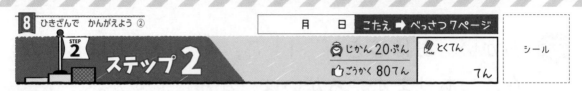

STEP 2 ステップ2

月　日　こたえ ➡ べっさつ7ページ

じかん 20ぷん　とくてん
ごうかく 80てん　　　　てん

シール

1 いちごが 14こ あります。5こ たべると, の
こりは なんこに なりますか。(10てん)
(しき)

こたえ [　　　　　]

2 おりがみが 12まい あります。8まい つかう
と, のこりは なんまいに なりますか。(10てん)
(しき)

こたえ [　　　　　]

3 あかい はなが 15ほん, しろい はなが 7ほ
ん さいて います。ちがいは なんぼんですか。
(10てん)
(しき)

こたえ [　　　　　]

4 りんごが 8こ, みかんが 16こ あります。ち
がいは なんこですか。(10てん)
(しき)

こたえ [　　　　　]

5 こどもが 11にん います。ぼうしを かぶって いる こどもは 5にんです。ぼうしを かぶって いない こどもは なんにんですか。(15てん)

(しき)

こたえ [   ]

6 なわとびを, ゆりさんは 6かい とびました。ま なさんは 13かい とびました。どちらが なん かい おおく とびましたか。(15てん)

(しき)

こたえ [   ]さんが [   ]かい おおい。

7 ななみさんは 7さいです。おねえさんは 12さ いです。ちがいは なんさいですか。(15てん)

(しき)

こたえ [   ]

8 けいさんもんだいを 17もん とく ことに し ました。これまでに 9もん ときました。あと なんもん とけば よいですか。(15てん)

(しき)

こたえ [   ]

9 3つの　かずの　けいさん

学習の
ねらい

✅ 増えたり減ったりする場面を，1つの式に表します。
✅ 3つの数の計算ができるようにします。

STEP 1 ステップ **1**

1 もんだいに　あわせて，□には　かずを，○には
＋か　－の　きごうを　かいて，けいさんを　しま
しょう。

(1) くるまが　6だい　とまって　いました。2だい
きました。また　1だい　きました。くるまは　な
んだいに　なりましたか。

(しき)　□○□○□　＝　□

こたえ〔　　　　　〕

(2) くるまが 6だい とまって いました。2だい
   でて いきました。また 1だい でて いきまし
   た。くるまは なんだいに なりましたか。

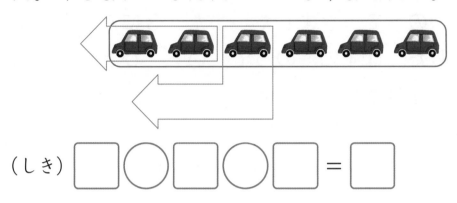

(しき) □ ○ □ ○ □ = □

こたえ〔   〕

(3) くるまが 6だい とまって いました。2だい
   でて いきました。1だい きました。くるまは
   なんだいに なりましたか。

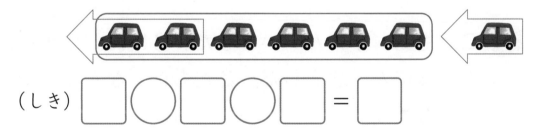

(しき) □ ○ □ ○ □ = □

こたえ〔   〕

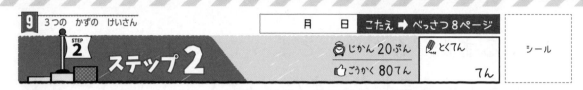

9　3つの　かずの　けいさん

STEP 2

ステップ2

月　日　こたえ ➡ べっさつ8ページ

じかん 20ぷん　とくてん

ごうかく 80てん　　てん

シール

1 ばすに　3にん　のって　いました。そこに, 4にん　のって　きました。また　3にん　のって　きました。ばすに　のって　いる　ひとは　なんにんに　なりましたか。(10てん)

(しき)

こたえ [　　　　　]

2 すずめが　10わ　いました。3わ　とんで　いきました。また　2わ　とんで　いきました。すずめは　なんわに　なりましたか。(10てん)

(しき)

こたえ [　　　　　]

3 こどもが　9にん　いました。3にん　かえりました。4にん　きました。こどもは　なんにんに　なりましたか。(15てん)

(しき)

こたえ [　　　　　]

4 おりがみを 6まい もって いました。4まい
もらいました。3まい つかいました。おりがみは
なんまいに なりましたか。(15てん)
(しき)

こたえ [   ]

5 あかい はなが 10ぽん, しろい はなが 5ほ
ん, きいろい はなが 4ほん さいて います。
はなは ぜんぶで なんぼん さいて いますか。
(15てん)

(しき)

こたえ [   ]

6 いちごが 16こ ありました。わたしが 6こ
たべました。いもうとが 5こ たべました。いち
ごは なんこに なりましたか。(15てん)
(しき)

こたえ [   ]

7 こうえんに おんなのこが 10にん, おとこのこ
が 9にん いました。3にん かえりました。こ
どもは なんにんに なりましたか。(20てん)
(しき)

こたえ [   ]

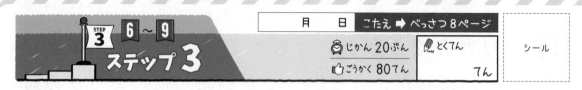

1 あかい　おりがみと　くろい　おりがみは, どちら
が　おおいですか。(10てん)

〔　　　　　〕い　おりがみ

2 あかい　はたが　6ぽん, しろい　はたが　7ほん
あります。あわせて　なんぼん　ありますか。(10てん)
(しき)

こたえ〔　　　　　　〕

3 あきかんを, さなえさんは　13こ, まなみさんは
8こ　ひろいました。ひろった　かずは, どちらが
なんこ　おおいですか。(15てん)
(しき)

こたえ〔　　　　　　〕さんが〔　　　〕に　おおい。

4 かびんに　はなが　9ほん　ありました。そこへ
8ほん　いれました。かびんの　はなは　なんぼん
に　なりましたか。(15てん)
(しき)

こたえ〔　　　　　　〕

5 ふうせんが 11こ あります。3こ とんで い
くと、のこりは なんこに なりますか。(15てん)
（しき）

こたえ [　　　　　　]

6 おとこのこが 7にん、おんなのこが 10にん
なわとびを して います。(20てん/1つ10てん)

(1) あわせて なんにんで なわとびを して います
か。
（しき）

こたえ [　　　　　　]

(2) どちらが なんにん おおいですか。
（しき）

こたえ [　　　　　]が [　　]にん おおい。

7 おはじきを 12こ もって いました。おねえさ
んから 5こ もらいました。いもうとに 7こ
あげました。おはじきは なんこに なりましたか。
1つの しきに かいて、こたえましょう。(15てん)
（しき）

こたえ [　　　　　　]

10 大きい かず

学習の
ねらい

- ✓ 120 までの数の構成や並び方を理解します。
- ✓ 数の大小を比較します。
- ✓ 大きい数を使った文章題に取り組みます。

ステップ1

1 えんぴつは なん本 ありますか。

(1)

〔　　　〕本

(2)

〔　　　〕本

(3)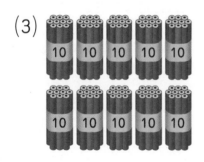

〔　　　〕本

(4)

〔　　　〕本

(5)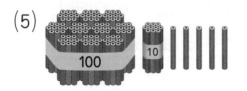

〔　　　〕本

(6)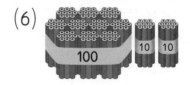

〔　　　〕本

2 あいて　いる　ところに　かずを　かきましょう。

0	1	2	3	4	5	6	7	8	9
10	11	12	13	14		16	17	18	19
20		22	23	24		26	27	28	29
	31	32	33	34		36	37	38	39
	41	42	43	44		46	47	48	49
	61	62	63	64		66	67	68	69
	71	72	73	74		76	77	78	79
	81	82	83	84		86	87	88	89
	91	92	93	94		96	97	98	
100									
			113		115		117		119
120									

3 大（おお）きい　ほうの　〔　〕に　○を　かきましょう。

(1)
36　41

〔　　〕〔　　〕

(2)
55　54

〔　　〕〔　　〕

(3)
102　98

〔　　〕〔　　〕

ステップ**2**

月　日　こたえ ➡ べっさつ9ページ

🕐じかん 15ふん　✏とくてん
👍ごうかく 80てん　　　てん

シール

1 97と いう かずに ついて かんがえます。□ に あてはまる かずを かきましょう。(24てん/1つ6てん)

(1) 十のくらいが □, 一のくらいが □ です。

(2) 90と □を あわせた かずです。

(3) □の つぎの かずです。

(4) 100より □ 小さい かずです。

2 109と いう かずに ついて かんがえます。

(1) □に あてはまる かずを かきましょう。(12てん/1つ6てん)

① 百のくらいが □, 十のくらいが □,

一のくらいが □ です。

② 100と □を あわせた かずです。

✏(2) (1)とは ちがう かんがえかたで, 109と いう かずを せつめいしましょう。(10てん)

_____

_____

_____

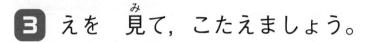

3 えを 見て，こたえましょう。

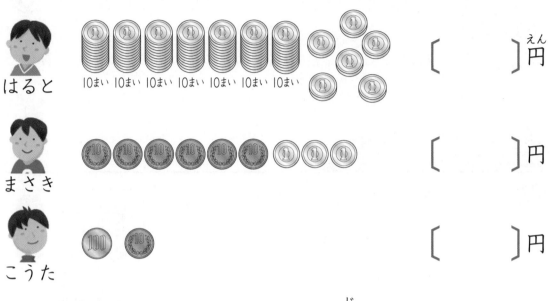

はると 〔　　　〕円

まさき 〔　　　〕円

こうた 〔　　　〕円

(1) なん円ですか。〔　　〕に すう字を かきましょう。

(15てん/1つ5てん)

(2) 70円の ノートを かいます。かえる 人に ○
を つけましょう。(9てん)

はると　　　　まさき　　　　こうた

〔　　　〕　〔　　　　〕　〔　　　　〕

4 □に あう かずを かきましょう。(30てん/1つ10てん)

(1) | 37 | | 39 | | 41 | |

(2) | 60 | | 80 | | 100 | |

(3) | 103 | 102 | | | | 98 |

45

11 たしざんで　かんがえよう③

ステップ**1**

1 赤い　えんぴつが　30本，くろい
えんぴつが　20本　あります。
あわせて　なん本　ありますか。

（しき）

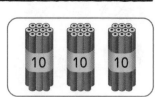

こたえ 〔　　　　　〕

2 赤い　えんぴつが　25本，く
ろい　えんぴつが　4本　あり
ます。あわせて　なん本　あり
ますか。

（しき）

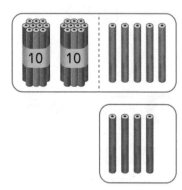

こたえ 〔　　　　　〕

3 くろい えんぴつが 6本,
赤い えんぴつが 32本
あります。あわせて なん
本 ありますか。

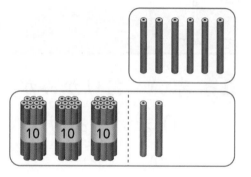

(しき)

こたえ [   ]

4 50円と 10円を あわせると,
なん円に なりますか。

(しき)

こたえ [   ]

5 50円と 50円を あわせると,
なん円に なりますか。

(しき)

こたえ [   ]

6 50円と 5円と 1円を あわ
せると, なん円に なりますか。

(しき)

こたえ [   ]

ステップ2

1 赤い おりがみが 40まい, 青い おりがみが 30まい あります。あわせて なんまい ありますか。(10てん)

(しき)

こたえ [　　　　　]

2 シールを 42まい もって います。5まい もらうと, シールは なんまいに なりますか。(10てん)

(しき)

こたえ [　　　　　]

3 みかんが かごに 4こ, はこに 65こ あります。ぜんぶで なんこ ありますか。(10てん)

(しき)

こたえ [　　　　　]

4 だいきさんは 本を 80ページ よみました。あと 8ページ よむと, ぜんぶで なんページ よんだ ことに なりますか。(10てん)

(しき)

こたえ [　　　　　]

5 さいふに　50円玉が　1まいと
10円玉が　2まい　あります。

(30てん/1つ15てん)

(1) さいふには　なん円　はいって
いますか。

〔　　　　　　　　〕

(2) ここに　10円玉を　3まい　いれます。さいふの
中の　おかねは　なん円に　なりますか。
（しき）

こたえ〔　　　　　　　〕

6 かいものに　いきました。 (30てん/1つ15てん)

60円　　　30円　　　5円　　　40円

(1) チョコレートと　ガムと　あめを　1こずつ　かう
と，なん円に　なりますか。
（しき）

こたえ〔　　　　　　　〕

(2) せんべいを　2こ　かうと，なん円に　なりますか。
（しき）

こたえ〔　　　　　　　〕

12 ひきざんで　かんがえよう③

学習の
ねらい

✓ (何十)−(何十)，(百)−(何十)，繰り下がりのない(2けた)−(1けた)，
(2けた)−(何十) の計算を使った文章題に取り組みます。

ステップ1

1 おりがみが　50まい　あります。20まい　つか
うと　のこりは　なんまいに　なりますか。

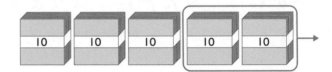

（しき）

こたえ［　　　　　　］

2 おりがみが　28まい　あります。3まい　つかう
と，のこりは　なんまいに　なりますか。

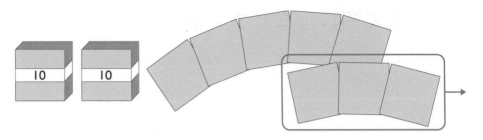

（しき）

こたえ［　　　　　　］

3 赤い　えんぴつが　24本，くろい　えんぴつが
4本　あります。ちがいは　なん本ですか。

（しき）

こたえ 〔　　　　　　〕

4 赤い　えんぴつが　32本，くろい　えんぴつが
30本　あります。ちがいは　なん本ですか。

（しき）

こたえ 〔　　　　　　〕

5 赤い　えんぴつが　40本，くろい　えんぴつが
30本　あります。ちがいは　なん本ですか。
（しき）

こたえ 〔　　　　　　〕

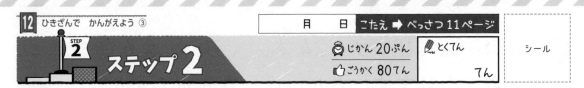

STEP 2
ステップ2

月　日　こたえ ➡ べっさつ 11ページ

じかん 20ぷん　とくてん

ごうかく 80てん　　てん

シール

1 いちごが 70こ あります。50こ たべると, のこりは なんこに なりますか。(10てん)

（しき）

こたえ [　　　　　]

2 車が 46だい とまって います。4だい 出て いくと, のこりは なんだいに なりますか。(10てん)

（しき）

こたえ [　　　　　]

3 おとうさんは 37さい, まなみさんは 7さいです。ちがいは なんさいですか。(10てん)

（しき）

こたえ [　　　　　]

4 ゆりえさんの 学校の 1年生は, 男の子が 40人, 女の子が 45人 います。ちがいは なん人ですか。(10てん)

（しき）

こたえ [　　　　　]

5 バスに　29人　のって　います。そのうち　おとなは　20人です。子どもは　なん人ですか。(15てん)

（しき）

こたえ〔　　　　　〕

6 花かざりを　100こ　つくる　ことに　しました。これまでに　90こ　つくりました。あと　なんこ　つくれば　よいですか。(15てん)

（しき）

こたえ〔　　　　　〕

7 85円　もって　います。80円　つかうと，のこりは　なん円に　なりますか。(15てん)

（しき）

こたえ〔　　　　　〕

8 100円　もって　います。60円　つかうと，のこりは　なん円に　なりますか。(15てん)

（しき）

こたえ〔　　　　　〕

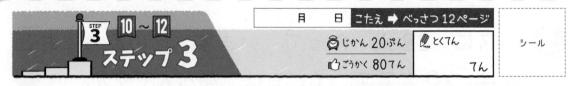
1 □に　あてはまる　かずを　下の　せばんごうか
ら　えらんで　かきましょう。(40てん/1つ10てん)

32　94　63　104　96　120

(1) 一のくらいの　すう字が　3の　かずは □

(2) 十のくらいの　すう字が　2の　かずは □

(3) 100より　4　小さい　かずは □

(4) かずの　小さい　じゅんに　ならべましょう。

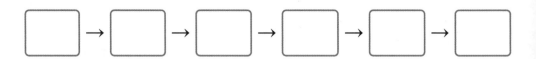

□ → □ → □ → □ → □ → □

2 100円　もって　います。70円の　ノートを　か
うと,　のこりは　なん円に　なりますか。(20てん)

(しき)

こたえ 〔　　　　　〕

3 どんぐりを，ひとみさんは 40こ，かよさんは 60こ ひろいました。(20てん/1つ10てん)

(1) 2人 あわせて なんこ ひろいましたか。
ふたり
(しき)

こたえ [   ]

(2) ひろった かずの ちがいは なんこですか。
(しき)

こたえ [   ]

4 シールを，あすかさんは 34まい，いもうとは 25まい もって います。あすかさんが いもうとに 4まい あげました。(20てん/1つ10てん)

(1) あすかさんの シールは なんまいに なりましたか。
(しき)

こたえ [   ]

(2) いもうとの シールは なんまいに なりましたか。
(しき)

こたえ [   ]

55

13 ながさくらべ

学習の
ねらい

- ⊘ 長さを比べる方法を知ります。
- ⊘ 「任意単位のいくつ分」の考え方を使って，問題を解けるようにします。

STEP 1 ステップ **1**

1 アと イの どちらが ながいですか。

(1)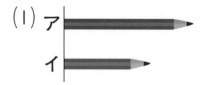

(2)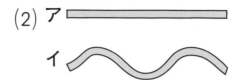

〔　　　　〕　　　　　　　　　　〔　　　　〕

2 たてと よこの どちらが ながいですか。

(1)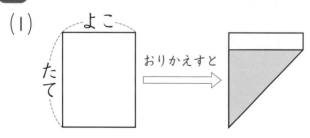

〔　　　　〕

(2)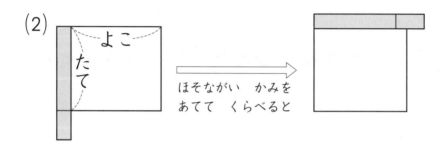

〔　　　　〕

3 けしごむを つかって, かばんの たてと よこの ながさを くらべます。えを 見て, □に あてはまる かずを かきましょう。

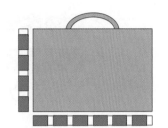

(1) たての ながさは, けしごむ

□ こぶんです。

(2) よこの ながさは, けしごむ

□ こぶんです。

(3) よこの ほうが, けしごむ □ こぶん ながいです。

4 □の かずで くらべます。

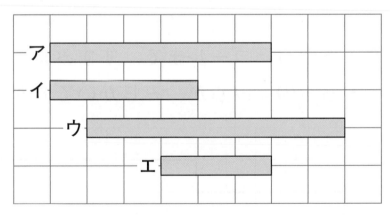

(1) ながい じゅんに きごうを かきましょう。

〔　 → 　 → 　 → 　〕

(2) ウと エの ながさの ちがいは □ いくつぶん ですか。

〔　〕つぶん

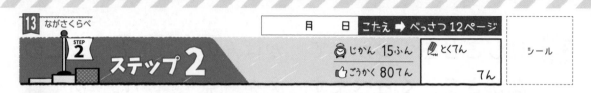

13 ながさくらべ

ステップ**2**

月　日　こたえ ➡ べっさつ12ページ

じかん 15ふん

ごうかく 80てん

とくてん

てん

シール

1 トランプの　カードを　すきまなく　ならべました。

(30てん/1つ10てん)

ア

イ

　ウ

　　エ

(1) **ア**から　**エ**の　うち, いちばん　ながいの
は　どれですか。

〔　　　〕

(2) **エ**と　おなじ　ながさは, **ア**から　**ウ**の
うち　どれですか。

〔　　　〕

(3) **ア**と　**エ**の　ながさの　ちがいは, カード　なんまいぶんですか。

〔　　　〕まいぶん

2 スタートから　ゴールまで　すすみます。アと　イ
の　どちらの　みちが　みじかいですか。(10てん)

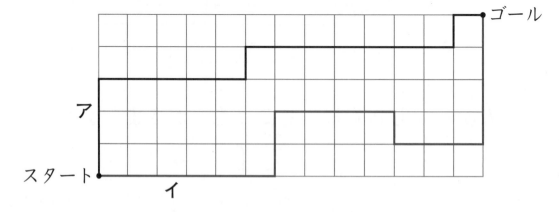

〔　　　〕

3 クリップを　つなげました。
のばした　とき，どちらが
クリップ　なんこぶん　な
がいですか。(15てん)

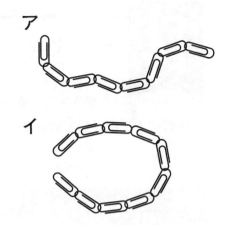

〔　　〕が〔　　〕こぶん　ながい。

4 つくえの　たてと　よこの　ながさを，えんぴつを
つかって　はかりました。たては　えんぴつ　5本
ぶん，よこは　えんぴつ　8本ぶんでした。たてと
よこの，どちらが　えんぴつ　なん本ぶん　ながい
ですか。(15てん)

〔　　　　〕が〔　　〕本ぶん　ながい。

5 白い　でんしゃは　8りょうです。(30てん/1つ15てん)

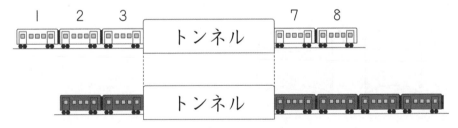

(1) トンネルの　ながさは　でんしゃ　なんりょうぶん
ですか。　　　　　　　　　　　　　　〔　　〕りょうぶん

(2) 赤い　でんしゃは　なんりょうですか。

〔　　〕りょう

14 かさくらべ

ステップ **1**

1 アと イの 水の かさを くらべます。□に
あてはまる きごうを かきましょう。

(1) ア　イ

アと イは，おなじ 大きさの いれもので，水の

たかさは ☐ の ほうが たかいです。だから，

水が おおく はいって いるのは ☐ です。

(2) ア　イ

アと イの 水の たかさは おなじで，☐ の

いれものの ほうが 大きいです。だから，水が

おおく はいって いるのは ☐ です。

2 おなじ コップを つかって かさを くらべます。

(1) アの いれものには コップ ☐ ぱいぶん,

　イの いれものには コップ ☐ はいぶんの

　水が はいります。

(2) アは イより ☐ ぱいぶん おおく はいります。

(3) アと イを あわせると, コップ ☐ はいぶんの

　水が はいります。

(4) あうように せんで むすびましょう。

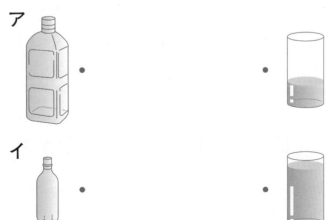

⏰じかん 20ぷん　✏とくてん
👍ごうかく 80てん　　　　てん

シール

1 おおい　じゅんに　きごうを　かきましょう。(10てん)

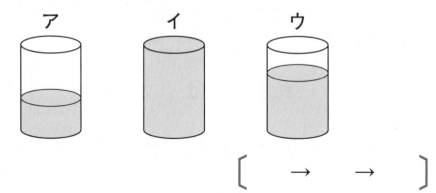

ア　　　イ　　　ウ

〔　　　→　　　→　　　〕

2 水を　うつして，かさを　くらべます。(30てん/1つ10てん)

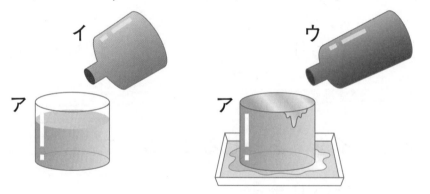

イ　　　　　　　ウ

ア　　　　　　　ア

(1) アと　イでは，どちらが　おおく　はいりますか。

〔　　　〕

(2) アと　ウでは，どちらが　おおく　はいりますか。

〔　　　〕

(3) おおく　はいる　じゅんに　きごうを　かきましょう。

〔　　　→　　　→　　　〕

3 おおく はいる じゅんに きごうを かきましょう。

ア　　　　　　イ　　　　　　ウ　(15てん)

〔　　　→　　　→　　　〕

4 やかんには コップ 9はいぶん, すいとうには
コップ 6ぱいぶんの 水が はいって います。
どちらが コップ なんばいぶん おおいですか。

(15てん)

〔　　　　　〕が 〔　　〕ばいぶん おおい。

5 すいそうに 水を, バケツで 7はいぶん いれま
した。また, バケツで 3ばいぶん いれました。
あわせて バケツ なんばいぶん いれましたか。

(15てん)

〔　　〕ぱいぶん

6 すいとうに コップ 10ぱいぶんの おちゃを
いれました。この おちゃを コップ 2はいぶん
のみました。のこりは コップ なんばいぶんに
なりましたか。(15てん)　　　　　　〔　　〕はいぶん

ひろさくらべ

 ステップ**1**

1 アと イの ひろさを くらべます。□に あて
はまる きごうを かきましょう。

(1)

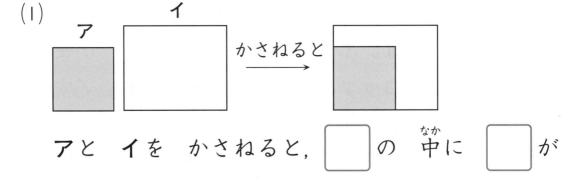

アと イを かさねると，□の 中(なか)に □が

はいりました。だから，□の ほうが ひろいです。

(2)

アと イを かさねると，□の 中に □が

はいりました。だから，□の ほうが ひろいで

す。

2 アと イの ひろさを くらべます。□に あて
はまる かずや きごうを かきましょう。

(1)

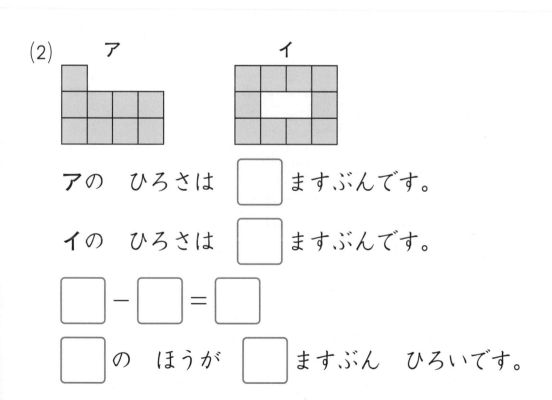

アの ひろさは □ ますぶんです。

イの ひろさは □ ますぶんです。

□ - □ = □

□ の ほうが □ ますぶん ひろいです。

(2)

アの ひろさは □ ますぶんです。

イの ひろさは □ ますぶんです。

□ - □ = □

□ の ほうが □ ますぶん ひろいです。

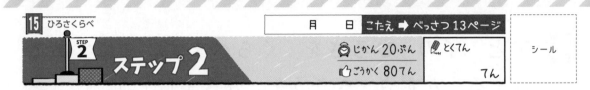

STEP 2
ステップ 2

月　日　こたえ ➡ べっさつ 13ページ

じかん 20ぷん　とくてん

ごうかく 80てん　てん

シール

1 はしを　そろえて　かさねました。ひろい　じゅん
に　きごうを　かきましょう。（15 てん）

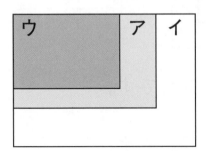

〔　　→　　→　　〕

2 ひろい　じゅんに　きごうを　かきましょう。（15 てん）

ア　　　　　イ　　　　　　ウ

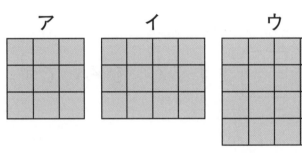

〔　　→　　→　　〕

3 ひろい　じゅんに　きごうを　かきましょう。その
りゆうも　かきましょう。（20 てん/ 1つ 10 てん）

ア　　　　イ　　　　　ウ

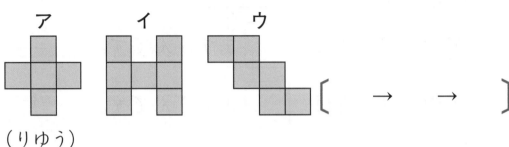

〔　　→　　→　　〕

（りゆう）

_____

_____

4 あきらさんと　まみさんが
じんとりあそびを　しまし
た。（20てん/1つ10てん）

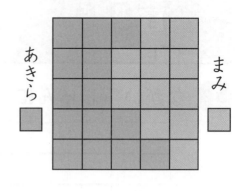

(1) あきらさんの ▢と　まみ
さんの ▢の　ひろさは，
それぞれ　なんますぶんですか。

あきらさん〔　　　〕ますぶん　まみさん〔　　　〕ますぶん

(2) ひろく　ぬった　ほうが　かちです。どちらが　か
ちましたか。　　　　　　　　〔　　　　　〕さん

5 はしを　そろえて　かさねました。（30てん/1つ10てん）

(1) **イ**の　ひろさは　なん
ますぶんですか。

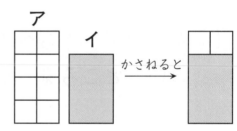

〔　〕ますぶん

(2) **ウ**の　ひろさは　なん
ますぶんですか。

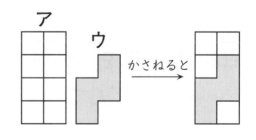

〔　〕ますぶん

(3) **イ**と　**ウ**では，どちらが　なんますぶん　ひろいで
すか。

〔　〕が〔　〕ますぶん　ひろい。

1 ながい じゅんに きごうを かきましょう。（15てん）

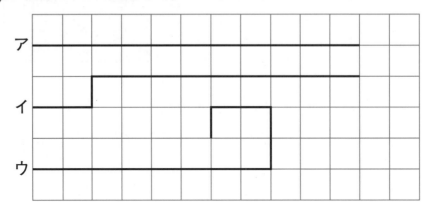

〔 　→ 　→ 　〕

➡**2** アと イの ひろさの くらべかたを かんがえます。

（30てん/1つ15てん）

（1）かさねて くらべる ほうほうの
いい ところを かきましょう。

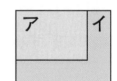

_____

_____

（2）ます目を かいて，ますの
いくつぶんで くらべる ほ
うほうの いい ところを
かきましょう。

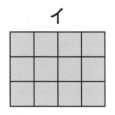

_____

_____

3 おおい　じゅんに　きごうを　かきましょう。(15てん)

ア　イ　ウ

〔　　　→　　　→　　　〕

4 ゆうとさんは　クリップを　19こ，たけるさんは
9こ　つなぎました。のばした　ときの　ながさは，
どちらが　クリップ　なんこぶん　ながいですか。

(15てん)

〔　　　　　　〕さんが　〔　　　〕こぶん　ながい。

5 みぎの　ゲームばんで　かなさん
たち　3人が　じんとりゲームを
しました。かなさんは　5ますぶ
ん，あいさんは　7ますぶんで，
のこりの　ますは　まゆさんでし
た。いちばん　ひろく　とったのは　だれですか。

かな　　　　　あい

まゆ

(10てん)

〔　　　　　〕さん

りゆうを　かきましょう。(15てん)

_____

_____

_____

69

16 いろいろな かたち

学習の
ねらい

- ✓ まる，三角，四角の名前を覚えます。
- ✓ 平面図形の違いや，似ているところを観察し，分類します。

ステップ1

1 にて いる かたちを あつめました。あう もの
を せんで むすびましょう。

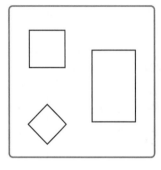
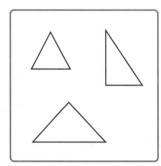
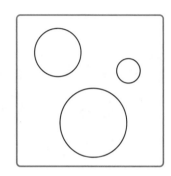

| かどが 3つ ある かたち | かどが 4つ ある かたち | かどが ない かたち |

| まる | さんかく | しかく |

2 ・と ・を せんで つないで さんかくを かき
ます。

(1) □に あう かずを かきましょう。

さんかくは □つの てんを, まっすぐな せん
で じゅんに むすんで かきます。

(2) さんかくを 2つ かきましょう。

・ ・ ・ ・ ・ ・   ・ ・ ・ ・ ・ ・

・ ・ ・ ・ ・ ・   ・ ・ ・ ・ ・ ・

・ ・ ・ ・ ・ ・   ・ ・ ・ ・ ・ ・

・ ・ ・ ・ ・ ・   ・ ・ ・ ・ ・ ・

・ ・ ・ ・ ・ ・   ・ ・ ・ ・ ・ ・

3 ・と ・を せんで つないで しかくを かきま
す。

(1) □に あう かずを かきましょう。

しかくは □つの てんを, まっすぐな せんで
じゅんに むすんで かきます。

(2) しかくを 2つ かきましょう。

・ ・ ・ ・ ・ ・   ・ ・ ・ ・ ・ ・

・ ・ ・ ・ ・ ・   ・ ・ ・ ・ ・ ・

・ ・ ・ ・ ・ ・   ・ ・ ・ ・ ・ ・

・ ・ ・ ・ ・ ・   ・ ・ ・ ・ ・ ・

・ ・ ・ ・ ・ ・   ・ ・ ・ ・ ・ ・

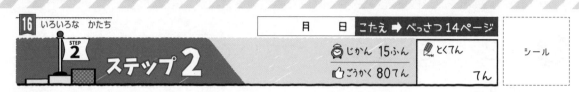

月　日　こたえ ➡ べっさつ 14ページ

じかん 15ふん
ごうかく 80てん

とくてん

てん

シール

1 下の かたちを 見て, こたえましょう。

ア 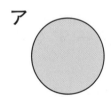　イ 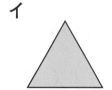　ウ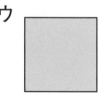

(1) かたちの なまえを かきましょう。(15てん/1つ5てん)

ア〔　　　　〕イ〔　　　　　〕ウ〔　　　　　〕

(2) かどが ない かたちは どれですか。きごうで こたえましょう。(5てん)

〔　　　〕

(3) まっすぐな せんで かこまれて いる かたちは どれと どれですか。きごうで こたえましょう。

(10てん/1つ5てん)

〔　　　〕と〔　　　〕

✏(4) 下の かたちは, **ア〜ウ**の どれと おなじ なか までですか。その りゆうも かきましょう。

(14てん/1つ7てん)

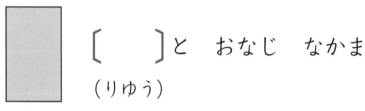

〔　　　〕と おなじ なかま

(りゆう)

_____

_____

2 下の いろいろな かたちを なかまに わけます。
ばんごうで こたえましょう。(36てん/1つ12てん)

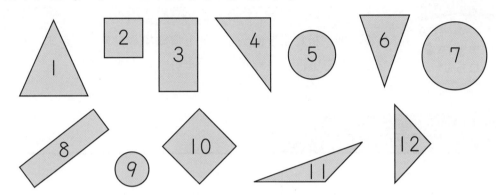

(1) まるの なかまは どれですか。 [   ]

(2) さんかくの なかまは どれですか。

[   ]

(3) しかくの なかまは どれですか。

[   ]

3 ・と ・を つないで, さんかくと, しかくを か
いて います。のこりの せんを かいて かんせ
いさせましょう。(20てん/1つ10てん)

(1) さんかく　　　　　　　(2) しかく

 かたちづくり

学習の
ねらい

- ⊘ 色板，棒，折り紙を使って，形を構成する力をつけます。
- ⊘ 複合した形を，三角形や四角形に分割します。

ステップ**1**

1 下の　かたちは 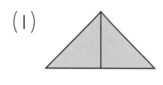 の　いろいたを　なんまい　つかって　できて　いますか。

(1)

〔　　　　〕

(2)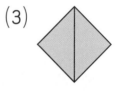

〔　　　　〕

(3)

〔　　　　〕

(4)

〔　　　　〕

(5)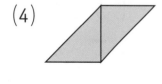

〔　　　　〕

(6)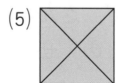

〔　　　　〕

(7)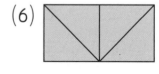

〔　　　　〕

(8)

〔　　　　〕

(9)

〔　　　　〕

2 下の かたちは ━━━ の ぼうを なん本 つ かって できて いますか。

(1)

〔　　　　〕

(2)

〔　　　　〕

(3)

〔　　　　〕

(4)

〔　　　　〕

(5)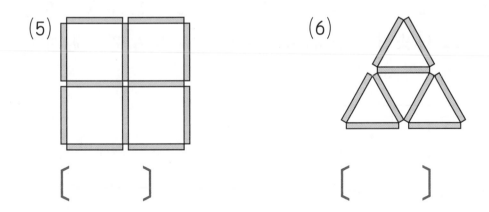

〔　　　　〕

(6)

〔　　　　〕

(7)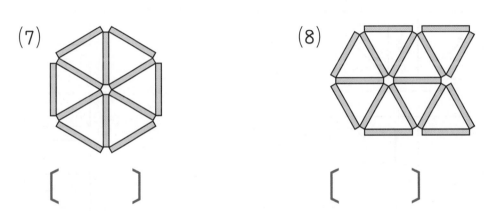

〔　　　　〕

(8)

〔　　　　〕

1 どれを つかって できましたか。あう ものを せんで むすびましょう。(10 てん)

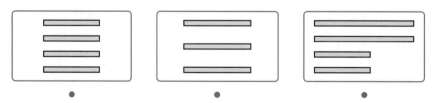

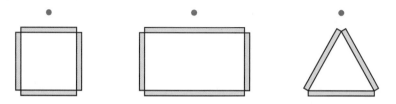

2 おりがみを おりました。おりめは どんな かたちに なりますか。あう ものを せんで むすびましょう。(30 てん/ 1 つ 10 てん)

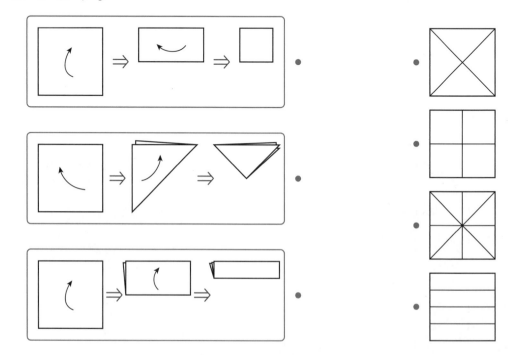

3 いろいたを　つかって　かたちを　つくります。

(60 てん/ 1 つ 15 てん)

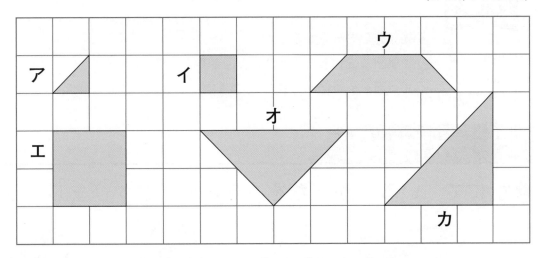

(1) イは　アが　なんまいで　できますか。

〔　　　　〕

(2) ウは　アが　なんまいで　できますか。

〔　　　　〕

(3) エは　アが　なんまいで　できますか。

〔　　　　〕

(4) オと　カでは，どちらが　アの　なんまいぶん　ひ
　　ろいですか。

〔　　　〕が〔　　　〕まいぶん　ひろい。

18 つみ木と かたち

ステップ 1

1 にて いる かたちを せんで むすびましょう。

2 なんと いう なまえの かたちですか。あう も
のを せんで むすびましょう。

さいころの　　はこの　　ボールの　　つつの
かたち　　　かたち　　かたち　　かたち

3 かみに　かたちを　うつします。どんな　かたちに
なりますか。あう　ものを　せんで　むすびましょ
う。

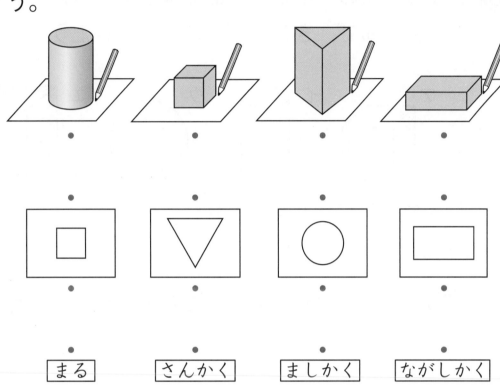

まる　　さんかく　　ましかく　　ながしかく

4 よく　ころがるのは，アと　イの　どちらですか。
きごうで　こたえましょう。

(1)　　ア　　イ
　　ボール　はこ

(2)　　ア　　イ
　　たてる　よこに　する

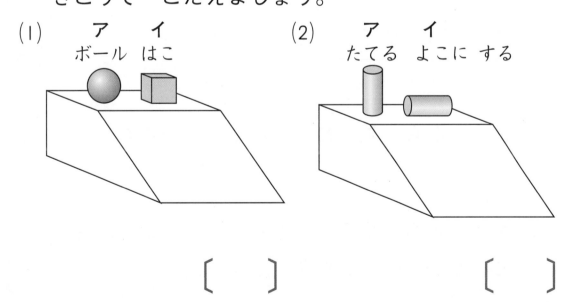

〔　　　〕　　　　　　　　〔　　　〕

月　日　こたえ ➡ べっさつ 15ページ

ステップ**2**

🕐 じかん 10ぷん　　✏ とくてん

👍 ごうかく 80てん　　　　　　てん

シール

1 アから エの 中(なか)から, あてはまる ものを ぜんぶ えらんで, きごうで こたえましょう。

(60 てん/ 1 つ 10 てん)

ア　　　　イ　　　　ウ　　　　エ

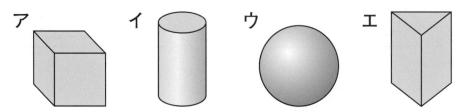

(1) どこを さわっても まるい かたち

〔　　　　　　　〕

(2) どの むきに おいても ころがらない かたち

〔　　　　　　　〕

(3) たいらな ところと まるい ところが ある かたち　　　　　　　〔　　　　　　　〕

(4) どこから 見(み)ても まるい かたち

〔　　　　　　　〕

(5) まうえから 見ると しかくい かたち

〔　　　　　　　〕

(6) まうえから 見ると さんかくで, よこから 見ると しかくい かたち　　〔　　　　　　　〕

2 ゆうきさんは　車<ruby>を<rt>くるま</rt></ruby>　つくって　います。しゃりん
に　するのに　よい　かたちは　どれですか。アか
ら　ウの　中から　１つ　えらびましょう。(10てん)

ア　　　　　イ　　　　　ウ

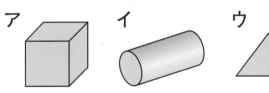

〔　　　〕

3 アと　イの　つみ木<ruby>き<rt></rt></ruby>を　かさねます。どちらを　下<ruby>した<rt></rt></ruby>
に　すると　くずれにくいですか。(10てん)

ア　　　　　イ

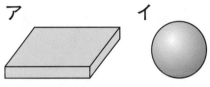

〔　　　〕

4 タワーを　つくって　います。もう
１つ　つみ木を　つみます。ア，イ
どちらの　むきに　つむと，より　た
かく　なりますか。(10てん)

ア　　　　　イ

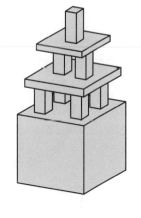

〔　　　〕

5 つみ木を　つみました。　の　つみ
木は　なんこ　ありますか。(10てん)

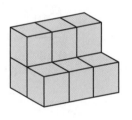

〔　　　〕こ

19 とけい

✓ 時計をよめるようにします。

✓ 1日の生活の流れを，時刻の進みと結びつけます。

ステップ 1

1 とけいを　よみましょう。

(1)

[　　　　　]

(2)

[　　　　　]

(3)

[　　　　　]

(4)

[　　　　　]

(5)

[　　　　　]

(6)

[　　　　　]

(7)

[　　　　　]

(8)

[　　　　　]

(9)

[　　　　　]

2 ながい はりを かきいれましょう。

(1) 1じ

(2) 11じはん

(3) 5じ5ふん

(4) 3じ20ぷん

(5) 6じ42ふん

(6) 10じ59ふん

3 下(した)の アから ウの とけいから えらんで, きごうで こたえましょう。

ア

イ

ウ

(1) ちょうど 4じの とけい 〔　　〕

(2) もうすぐ 4じに なる とけい 〔　　〕

(3) 4じを すこし すぎた とけい 〔　　〕

(4) とけいの はりの すすむ じゅんに ならべましょう。 〔　 →　 →　 〕

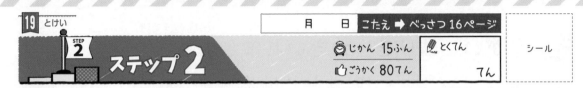

STEP 2
ステップ **2**

月　日　こたえ ➡ べっさつ16ページ

⏰じかん **15ふん**　✏とくてん

👍ごうかく **80てん**　　てん

シール

1 右の えの めざましどけい を よんで, なんじに おき たか こたえましょう。また, とけいの はりも かきいれ ましょう。(20てん)

[　　　　]

2 あやかさんと わたるさんが 学校に ついた と きの えを 見て, こたえましょう。(30てん/1つ10てん)

あやか　　　　　　　　わたる

(1) あやかさんが 学校に ついたのは なんじですか。　　　　　　　　　[　　　　]

(2) わたるさんが 学校に ついたのは なんじなんぷ んですか。　　　　　　　　　　[　　　　]

(3) さきに 学校に ついたのは どちらですか。

[　　　　]

3 えを 見て，こたえましょう。(30てん/1つ10てん)

こうえんに つく　　　　　こうえんを 出る

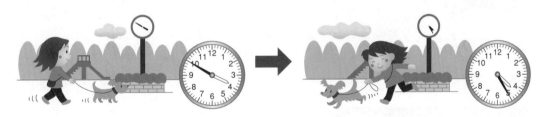

(1) こうえんに ついたのは なんじなんぷんですか。

〔　　　　　　〕

(2) こうえんを 出たのは なんじなんぷんですか。

〔　　　　　　〕

(3) こうえんを 出て いえに かえりました。いえに
ついた ときの とけいは，**ア**，**イ**の どちらですか。

ア　　　　　　　　　イ

〔　　　　　　〕

4 おとうさんが えきの ホームに
います。えを 見て，こたえましょ
う。(20てん/1つ10てん)

(1) えきの とけいは なんじなん
ぷんですか。

〔　　　　　　〕

(2) 8じ ちょうどに はっ車する でん車に のる
ことが できますか。

〔　　　　　　〕

20 せいりの　しかた

学習の
ねらい

⊘ ものの個数を，絵グラフに表します。
⊘ 絵グラフを読み取ることができるようにします。

STEP 1 ステップ1

1 やさいの　かずを　しらべます。

(1) やさいの　かずだけ
　　いろを　ぬりましょう。

きゅうり	なす	トマト	ピーマン

(2) 左の ページの やさいの かずに あって い
る おはなしに ○を, あって いない おはなし
に ×を つけましょう。

〔　　　〕きゅうりは 7本 あります。

〔　　　〕なすは 9本 あります。

〔　　　〕いちばん おおい やさいは トマトです。

〔　　　〕いちばん すくない やさいは ピーマン
　　　　　です。

〔　　　〕2ばん目に おおい やさいは きゅうり
　　　　　です。

〔　　　〕きゅうりは なすより 1本 おおいです。

〔　　　〕ピーマンと トマトの かずの ちがいは
　　　　　5こです。

〔　　　〕きゅうりと なすの かずを あわせると,
　　　　　13本です。

〔　　　〕トマトと ピーマンの かずを あわせる
　　　　　と, 14こです。

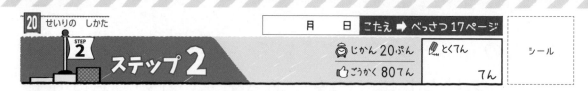

STEP 2
ステップ**2**

月　　日　こたえ ➡ べっさつ 17ページ

じかん **20**ぷん　　とくてん

ごうかく **80**てん　　　　てん

シール

1 いろいろな　かたちの　シールが　あります。

(1) シールの　かずだけ　いろを
ぬりましょう。(15てん)

(2) シールの　かずを　すう字で
かきましょう。(20てん/ 1つ 5てん)

⬤ 〔　　　　〕まい

☆ 〔　　　　〕まい

♡ 〔　　　　〕まい

◇ 〔　　　　〕まい

(3) かずが　おおい　じゅんに　ばんごうを　かきまし
ょう。(10てん)

⬤　　　　☆　　　　♡　　　　◇

〔　　　〕　〔　　　〕　〔　　　〕　〔　　　〕

2 がっきの　かずを　せいりしました。

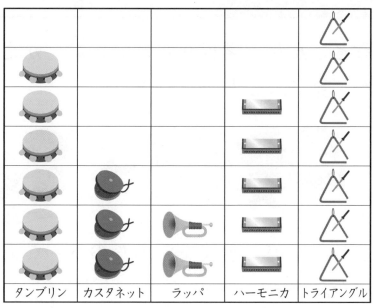

(1) いちばん　かずが　おおい　がっきは
　　なんですか。(10てん)　　　　　　　［　　　　　　　　　　］

(2) 2ばん目に　かずが　おおい　がっきは
　　なんですか。(10てん)　　　　　　　［　　　　　　　　　　］

(3) カスタネットは　いくつ　ありますか。(10てん)

　　　　　　　　　　　　　　　　　　　［　　　　　　　　　　］

(4) タンブリンと　ラッパの　かずの　ちがいは
　　いくつですか。(10てん)　　　　　　［　　　　　　　　　　］

✏️(5) わかった　ことを　かきましょう。(15てん)

STEP 3 16〜20
ステップ3

じかん 20ぷん　　とくてん

ごうかく 80てん　　　　てん

シール

1 はるとさんが 学校から いえに かえる ときの えを 見て, こたえましょう。

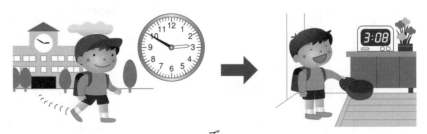

(1) はるとさんが 学校を 出たのは なんじなんぷん ですか。(10てん)　　　　　　　　　　〔　　　　　　〕

(2) はるとさんが いえに ついた ときの, とけいの ながい はり を かきいれましょう。(10てん)

(3) はるとさんは, いえに かえる とちゅう, こうえ んの とけいを 見ました。その ときの とけい を, 下の **ア**から **ウ**の 中から えらんで, ○を つけましょう。また, なんじなんぷんですか。

(10てん/1つ5てん)

ア　　　　　　　イ　　　　　　　ウ

(ア, イ, ウ)で,〔　　　　　〕

2 ま上から　見た　ときの　かたちは　どれですか。
せんで　むすびましょう。(40 てん/ 1 つ 5 てん)

さんかく　　　まる　　　ましかく　　ながしかく

3 下の　かたちは　㋐の　いろいたを　なんまい　つ
かうと　できますか。(20 てん/ 1 つ 10 てん)

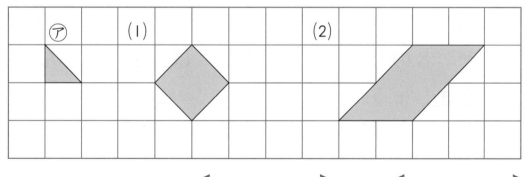

(1) [　　　　　] (2) [　　　　　]

4 ◻の　つみ木は　なんこ　あります
か。(10 てん)

[　　　]こ

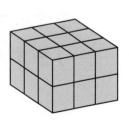

そうふくしゅうテスト①

⏰じかん 20ぷん　📝とくてん
👍ごうかく 80てん　　　　てん

1 おりがみは　なんまい　ありますか。(30てん/1つ10てん)

(1) 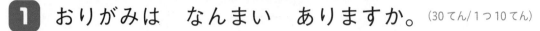 10 が　1ことが　2まい　〔　　　　〕

(2) 10 が　7こ　〔　　　　〕

(3) 10 が　10ことが　8まい〔　　　　〕

2 玉入れを　しました。赤ぐみは　32こ,白ぐみは
23こ　入れました。どちらの　くみが　かちまし
たか。(10てん)

〔　　　　　　〕

3 百までの　かずの　うち,十のくらいの　すう字
が　8の　かずを,小さい　ほうから　ぜんぶ　か
きましょう。(10てん)

〔　　　　　　　　　　　　　〕

4 まなぶさんは　シールを　99まい　あつめて　い
ます。もう　1まい　あつめると,なんまいに　な
りますか。(10てん)

〔　　　　〕

5 たしざんの しきに なる おはなしを つくります。
あう ほうの ことばを ◯で かこみましょう。

(10てん)

男の子が 5人, 女の子が 3人 います。
(みんなで・ちがいは) なん人ですか。

6 ひきざんの しきに なる おはなしを つくります。
あう ほうの ことばを ◯で かこみましょう。

(10てん)

カードを 8まい もって います。3まい
(もらうと・あげると) なんまいに なりますか。

7 わなげを しました。(20てん/1つ10てん)

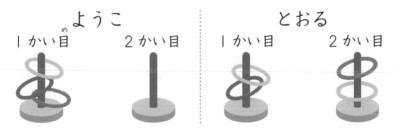

ようこ　　　　　　　　とおる
1かい目　　2かい目　　1かい目　　2かい目

(1) ようこさんの 1かい目と 2かい目に はいった
かずを あわせると なんこですか。
(しき)

こたえ [　　　　　]

(2) とおるさんの 1かい目と 2かい目に はいった
かずの ちがいは なんこですか。
(しき)

こたえ [　　　　　]

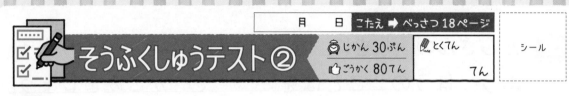

そうふくしゅうテスト②

じかん 30ぷん　ごうかく 80てん　とくてん　てん　シール

1 どんな　かたちが　いくつ　ありますか。(10てん)

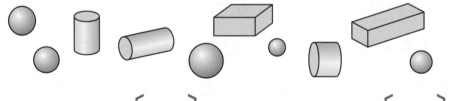

ボールの　かたち 〔　　〕つ　　つつの　かたち 〔　　〕つ

はこの　かたち 〔　　〕つ

2 アと　イでは，どちらが　ますの　いくつぶん　ながいですか。(10てん)

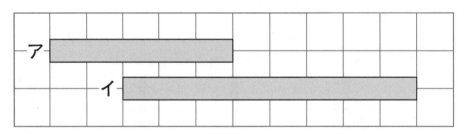

〔　　〕が　ますの 〔　　〕つぶん　ながい。

3 アと　イでは，どちらが　ますの　いくつぶん　ひろいですか。(10てん)

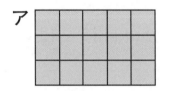
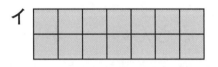

〔　　〕が　ますの 〔　　〕つぶん　ひろい。

4 みかんジュースが コップ 10ぱいぶん, りんご ジュースが コップ 7はいぶん あります。どちらが コップ なんばいぶん おおいですか。(10てん)

〔 〕ジュースが 〔 〕ばいぶん おおい。

5 えを 見て こたえましょう。(10てん/1つ5てん)

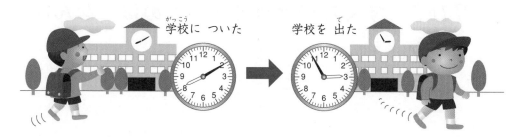

(1) 学校に ついたのは なんじなんぷんですか。

〔 〕

(2) 学校を 出たのは なんじなんぷんですか。

〔 〕

6 バスていで 12人 ならんで います。すみれさんの うしろには 5人 います。すみれさんは まえから なんばん目ですか。(10てん)

〔 〕

7 おはじきを 右手に 9こ もって います。左手には, 右手より 4こ おおく もって います。左手には なんこ もって いますか。(10てん)

(しき)

こたえ [   ]

8 うさぎが 13びき います。かめは うさぎより 7ひき すくないそうです。かめは なんびき いますか。(10てん)

(しき)

こたえ [   ]

9 7人に はがきを 1まいずつ 出しました。はがきは まだ 4まい あります。はがきは なんまい ありましたか。(10てん)

(しき)

こたえ [   ]

10 40円の えんぴつと 50円の ノートを かいます。100円を 出すと, おつりは なん円ですか。(10てん)

(しき)

こたえ [   ]

おうちの方へ

この解答編では，おうちの方向けに「アドバイス」「ここに注意」として，学習のポイントや注意点などを載せています。答え合わせのほかに，問題に取り組むお子さまへの説明やアドバイスの参考としてお使いください。本書を活用していただくことでお子さまの学習意欲を高め，より理解が深まることを願っています。

1 10までの かず

ステップ 1

2〜3 ページ

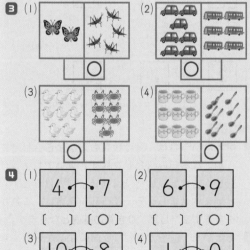

1 (1)
(2)
(3)

2 (1) 5 (2) 3 (3) 1 (4) 0

3 (1) 〔butterflies／grasshoppers○〕 (2) 〔cars／buses○〕
(3) 〔chicks○／crabs〕 (4) 〔cups／spoons○〕

4 (1) 4〜7 〔 〕〔○〕
(2) 6〜9 〔 〕〔○〕
(3) 10〜8 〔○〕〔 〕
(4) 1〜0 〔○〕〔 〕

アドバイス

2 ものの数を数字で表します。

> **ここに注意** (4)では，「1つもない」ことを，「0」という数字で表せることを理解させましょう。

4 数の大小を，数字で比較します。

> **ここに注意** 判断が難しいようでしたら，数字を，「0，1，2，……，8，9，10」と，小さいほうから順に並べて，4より後の7のほうが大きいことを理解させます。応用としては，「どちらが小さいか」も考えさせると，より理解が深まります。

ステップ 2

4〜5 ページ

1 (1) 4 (2) 5 (3) 7 (4) 3 (5) 10

2 (1) 6 こ (2) 8 こ (3) みかん

3 (1) 5 ⑨ ⑦ 3 ⑩

(2) 5 ① 8 ③ ⑩

アドバイス

1 文をよく読んで，何の数を数えるのかを読み取ります。

2 (3) 6 と 8 の数字で判断する方法もありますが，りんごとみかんを線で結んで，余ったほうが多いと考える方法も重要です。

少ない

多い

余った

> **ここに注意** これから学習する文章題によく出てくる言葉に「大きい・小さい」，「多い・少ない」があります。「みかんは，りんごより多い」ことを，言い換えると，「りんごは，みかんより少ない」となります。

ひっぱると，はずして使えます。

2 なんばんめ

ステップ **1** 6〜7 ページ

1 (1)
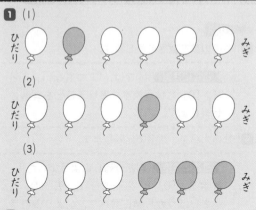
ひだり　　　　　　　　　　　　　　　　　　　みぎ

(2)
ひだり　　　　　　　　　　　　　　　　　　　みぎ

(3)
ひだり　　　　　　　　　　　　　　　　　　　みぎ

2 (順に) 4, 5

3 (1) 7　(2) (順に) 3, 5　(3) (順に) 2, 4

4 (1) 2　(2) 3　(3) ぼうし　(4) えほん

アドバイス

1 「左から」か「右から」か、また、「何番目」か「いくつ」かに着目します。「右から 3 つ目」の風船は 1 つだけですが、「右から 3 つ」の風船は 3 つあります。

3 物の数を表す数と順番を表す数の違いを理解させます。

まえ

うしろ

赤い色のついた車の前には、黒い色のついた 2 台の車があります。このとき、赤い車は数えません。同様に、赤い色のついた車の後ろには、色がついていない 4 台の車があることを理解させましょう。

ステップ **2** 8〜9 ページ

1 (1) 10 にん　(2) 2 ばんめ　(3) 4 ばんめ
(4) 3 にん　(5) 6 ばんめ

2 (1), (2)

ひだり

みぎ

(3) 4 ほん

3 (1)
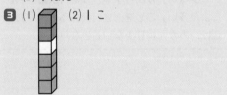
(2) 1 こ

アドバイス

1 (5)まず、前から 5 番目の人を特定して、印をつけます。

前から　1　2　3　4　5
まえ

うしろ
6　5　4　3　2　1 後ろから

2 (2)あゆみさんのかさの右に 2 本あることから、あゆみさんのかさは右から 3 番目です。右から 2 番目ではありません。ふり返り練習として、7 ページ**3**や、8 ページ**1**(4)に取り組みましょう。

(3)ゆうとさんのかさと、あゆみさんのかさは数えません。

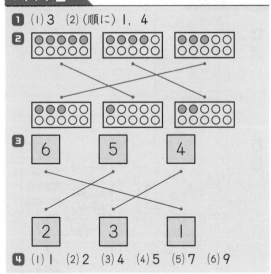

あいだにあるかさ

3 いくつと いくつ

ステップ **1** 10〜11 ページ

1 (1) 3　(2) (順に) 1, 4

2 [図：おはじきの組み合わせを線で結ぶ問題]

3 6　5　4
2　3　1

4 (1) 1　(2) 2　(3) 4　(4) 5　(5) 7　(6) 9

アドバイス

2 慣れないうちは、◯の数を数えながら合わせて 6 個になる組み合わせを探すとよいでしょう。正しく結べたら、「5 と 1 で 6」、「6 は 5 と 1」と唱えさせましょう。こうした見方は、これから学習するたし算、ひき算の基礎となります。

4 あといくつ◯をかけば 10 個になるかを考えます。10 の合成・分解は、大変重要です。合わせて 10 になる 2 つの数の組み合わせが即答できるようになるまで、練習しましょう。

1 （順に）5，4，9
2 (1)（順に）4，4，8
　(2)（順に）5，3，8
3 (1)2 こ　(2)3 こ
4 (1)4　(2)9　(3)10　(4)3　(5)8

👆**アドバイス**
3 理解しづらいようでしたら，実物のおはじきを使って考えさせましょう。

4 たしざんで かんがえよう①

1 （しき）2＋3＝5　（こたえ）5 こ
2 （しき）4＋2＝6　（こたえ）6 こ
3 （しき）3＋4＝7　（こたえ）7 にん
4 （しき）6＋1＝7　（こたえ）7 わ
5 (1)（しき）2＋0＝2　（こたえ）2 こ
　(2)（しき）0＋4＝4　（こたえ）4 こ

👆**アドバイス**
1 「あわせると」の言葉に着目させます。「あわせた数」は，「＋」と「＝」の記号を使って，たし算の式に表します。
2 「ぜんぶで」の言葉に着目させます。箱の中のケーキと，皿の上のケーキを合わせた数を求めるので，たし算の式に表します。
3 「みんなで」の言葉に着目させます。女の子と男の子を合わせた人数を求めるので，たし算の式に表します。
4 「ふえると」の言葉に着目させます。はじめにいたひよこと，後から来たひよこを合わせた数を求めることを理解させます。増加の場面も，たし算の式に表します。
5 (1)1 回目は2個入っています。2回目は1個も入らなかったので，入った玉の数は「0 こ」と表されます。1回目と2回目を合わせた数を求めるので，たし算の式に表します。
　(2)1回目は0個，2回目は4個であることを，絵から読み取らせます。0個と4個を合わせた数は4個です。

┌─────────────────────────
ここに注意▶「＋」の前がたされる数，
「＋」の後ろはたす数です。1回目の数を
└ ─ ─ ─ ─ ─ ─ ─ ─ ─ ─ ─ ─ ─ ─ ─

たされる数，2回目の数をたす数とすると，2＋0 の式が表す場面は，

　　　　2　　＋　　0

0＋2 の式が表す場面は，

　　　　0　　＋　　2

答えはどちらも2個になります。

1 （しき）3＋2＝5　（こたえ）5 こ
2 （しき）5＋3＝8　（こたえ）8 ほん
3 （しき）5＋4＝9　（こたえ）9 にん
4 （しき）7＋3＝10　（こたえ）10 だい
5 （しき）8＋2＝10　（こたえ）10 まい
6 (1)

[　]　　[○]　　[　]

(2)（しき）3＋0＝3　（こたえ）3 びき

👆**アドバイス**
1 「あわせると」に着目して，たし算の式に表します。ステップ2では，図を示していません。問題文を読んで，場面をイメージさせます。
2 「ぜんぶで」に着目して，たし算の式に表します。
3 「みんなで」に着目して，たし算の式に表します。

┌─────────────────────────
ここに注意▶ 今の段階では，たし算しか学習していないので，問題文に出ている2つの数を機械的にたしているだけの場合も考えられます。場面が理解できているか，自分で場面を絵にかかせてみるとよいでしょう。
└ ─ ─ ─ ─ ─ ─ ─ ─ ─ ─ ─ ─ ─ ─ ─

4 「くると」の言葉から，車が増えている場面をイメージさせます。増加の場面は，（はじめの数）＋（増えた数）で表せます。
5 「もらいました」の言葉から，色紙が増えている場面をイメージさせます。
6 1匹もすくえなかったので，ゆきさんの金魚の数を0匹として，たし算の式に表します。

5 ひきざんで かんがえよう①

1 （しき）5−2＝3　（こたえ）3 こ
2 （しき）6−4＝2　（こたえ）2 ひき
3 （しき）8−3＝5　（こたえ）5 にん
4 （しき）9−2＝7　（こたえ）7 ひき
5 （しき）3−3＝0　（こたえ）0 ひき

アドバイス

1 「のこりは」の言葉に着目させます。「残りの数」は、「−」と「＝」の記号を使って、ひき算の式に表します。

2 「ちがいは」の言葉に着目させます。

「違いの数」は、多いほうの数から少ないほうの数をひいて、求められます。

3 子ども全体の人数から男の子の人数をひいて求めます。

4 「とんで　いくと」の言葉から、せみの数が減る場面をイメージさせます。減少の場面は、（はじめの数）−（減る数）で表せます。

5 「いなく　なると」の言葉から、かえるが減る場面をイメージさせます。また、はじめに 3 匹いて、3 匹全部がいなくなるので、1 匹も残らない、つまり、答えは、「0」という数字を使って、0 匹となります。

1 （しき）5−3＝2　（こたえ）2 こ
2 （しき）7−4＝3　（こたえ）3 こ
3 （しき）9−6＝3
　（こたえ）くろい　かさが　3 ぼん　おおい。
4 （しき）4−1＝3　（こたえ）3 ぼん
5 （しき）9−3＝6　（こたえ）6 にん
6 （しき）10−5＝5　（こたえ）5 まい
7 みかんが　7 こ　あります。
　りんごが　2 こ　あります。
　みかんの　ほうが　5 こ　おおいです。

アドバイス

1 「のこりは」に着目して、ひき算の式に表します。

---

2 「ちがいは」に着目して、ひき算の式に表します。
3 「どちらが　おおいか」、「いくつ　おおいか」の 2 つの観点が問われています。まず、どちらが多いか考えます。9 と 6 を比べて、9 本の黒いかさのほうが多いと判断します。次に、何本多いか、つまり、「違いの数」を求めるので、ひき算の式に表します。

> **ここに注意** 違いの数を求めるときは、多いほうの数から少ないほうの数をひきます。問題に出てくる順に、6−9 と書いてはいけません。**3**では、「どちらが多いか」も問題文で問いかけましたが、**2**のように「数の違い」だけを問いかけた場合でも、2 つの数の大小を確認してから式に表すことが大切です。**2**の類題として、「みかんが 4 個、りんごが 7 個あります。みかんとりんごの数の違いは何個ですか。」を出してみましょう。

5 理解が難しいようでしたら、図にかいてみましょう。
6 「つかうと」の言葉から、折り紙が減っている場面をイメージさせます。

7
> **ここに注意** ひき算の場面のお話をつくる問題で、ひき算の意味が理解できているかを確かめます。
> ひき算が用いられる場面は、大きく分けて次の 2 つがあります。
> ・はじめの数量から、取り去ったり減少したりしたときの残りの数量を求める
> ・2 つの数量の差を求める

1 (1) 8 こ　(2) 10 こ
2 (1) 0 → 3 → 5 → 7 → 10　(2) 3
3 (1) まえ　　　　　　　　　　うしろ
　(2) 3 にん
4 （しき）5＋4＝9　（こたえ）9 こ
5 （しき）10−6＝4
　（こたえ）めろんぱんが　4 こ　おおい。
6 （しき）9＋1＝10　（こたえ）10 にん

7 (しき)4−4=0　(こたえ)0 こ

アドバイス

1 (2)のように円状に並んでいる場合，どこから数え始めたかがわかるように，印をつけながら数えます。

2 これまで，左右，前後，上下から何番目を取り上げてきました。大小についても同様に考えます。

	0	3	5	7	10
小さいほうから	1番目	2番目	3番目	4番目	5番目

4 「あわせて」に着目して，たし算の式に表します。

> **ここに注意** ステップ3では，たし算になる問題と，ひき算になる問題の両方を出題しています。どちらになるか，よく考えなければいけません。
> 「食べた」→「減った」→「ひき算」と考えてしまう場合も考えられます。「食べた数を合わせる」ことを理解させましょう。

6 増加の場面なので，たし算をします。増えたのは「ひとり」です。「ひとり」を表す数字は「1」です。あわせて「ふたり」を表す数字は「2」であることも理解させましょう。

7 問題文を言い換えると，「おにぎりは何こ残りましたか」，つまり，残りの数を答えるので，ひき算をします。

6 20までの　かず

ステップ1　24〜25 ページ

1 (1) 13　(2) 20　(3) 14　(4) 20

2 (1) 11　(2) 15　(3) 20　(4) 2　(5) 10　(6) 10

3 (1) 10−11−12−13−14−15

(2) 20−19−18−17−16−15

4

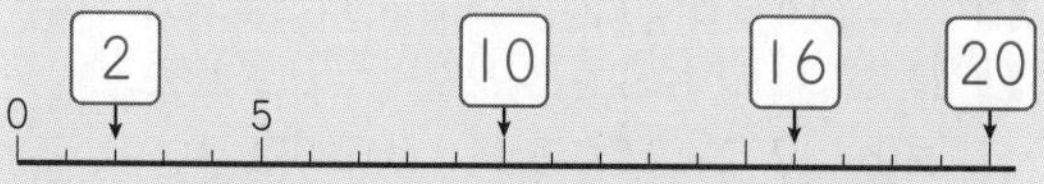

2
10
16
20
0
5

5 (1) (11)　8　(2) 16　(19)　(3) (20)　12

6 (1) 15　(2) 11　(3) 10　(4) 20　(5) 19

アドバイス

1 (1)「10といくつ」で「十いくつ」です。

(2)「十が2つ」で「二十」です。

(3)2とびの数え方も練習しましょう。

「2（に），4（し），6（ろ），8（は），10（とお）」「2（に），4（し）」

10と4で14となります。

(4)5とびの数え方も練習しましょう。

「5（ご），10（じゅう），15（じゅうご），20（にじゅう）」

4 慣れるまでは，すべての目盛りに数を書きこませてもよいでしょう。

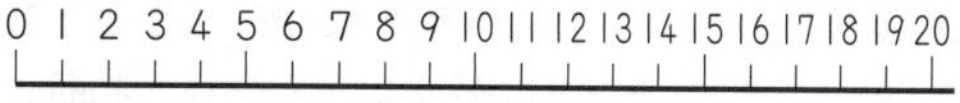

0 1 2 3 4 5 6 7 8 9 10 11 12 13 14 15 16 17 18 19 20

5 **4**の数の線をもとに比較すると

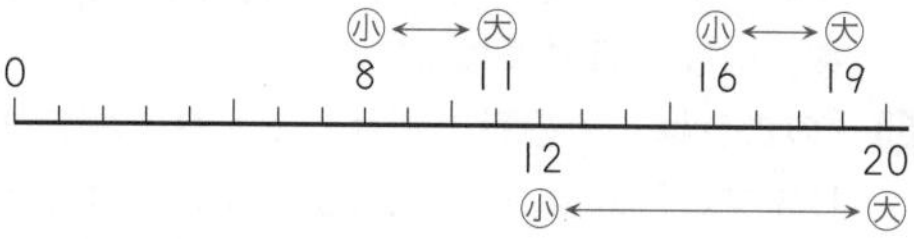

小
大
8
11
小
大
16
19
0
12
20
小
大

数の線上で，右にある数のほうが大きいです。

6 数の線をもとに考えます。

(1)10より5大きい数

右へ5進んだ

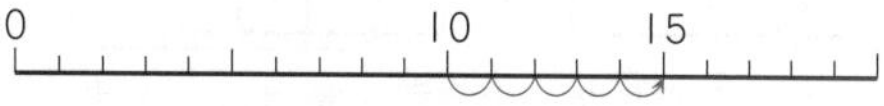

0
10
15

(2)14より3小さい数

左へ3進んだ

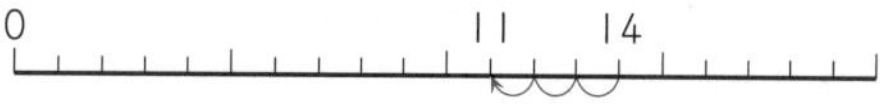

0
11
14

ステップ2　26〜27 ページ

1 (しき)10+4=14　(こたえ)14 まい

2 (しき)12+6=18　(こたえ)18 にん

3 (しき)15+4=19　(こたえ)19 わ

4 (しき)11+7=18　(こたえ)18 まい

5 (しき)15−5=10
(こたえ)あかい　はなが　10 ぽん　おおい。

6 (しき)19−7=12　(こたえ)12 こ

7 (しき)16−3=13　(こたえ)13 にん

8 (しき)18−6=12　(こたえ)12 にん

アドバイス

1 「あわせた数」を求めるので，たし算の式に表します。計算は，24ページ**2**のように考えると，10と4で14となります。

2 「みんなで」の言葉に着目して，たし算の式に表します。計算は，12を10と2に分けて考えます。10はそのままで，2と6をたすと8，10と8で18です。

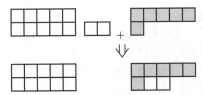

3 「とんで　きました」の言葉から増加の場面であることをイメージさせます。式はたし算で表します。

4 「もらうと」の言葉に着目させます。増加の場面なので，たし算をします。

5 まず，どちらが多いかを考えます。15と5を比較して，15本の赤い花のほうが多いと判断します。次に，「いくつ違うか」を考えます。「違いの数」はひき算で求めます。

6 「のこりは」の言葉に着目して，ひき算の式に表します。計算は，19を10と9に分けて考えます。10はそのままで，9から7をひいて2，10と2で12です。

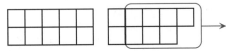

7 「かえりました」の言葉に着目させます。減少の場面なので，ひき算をします。

8 子ども全体から男の子を除くと，すべて女の子です。

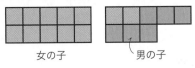

女の子　　　　　　男の子

7 たしざんで　かんがえよう②

ステップ1　　　　　　　　28〜29 ページ

1 （しき）8＋3＝11　（こたえ）11こ
2 （しき）6＋8＝14　（こたえ）14こ
3 （しき）6＋6＝12　（こたえ）12こ
4 （しき）7＋4＝11　（こたえ）11まい
5 （しき）5＋9＝14　（こたえ）14にん

アドバイス

1 「合わせた数」を求めるので，たし算をします。計算は繰り上がりのあるたし算です。図を見て，次のようなイメージをさせます。
　①箱にあと2個入れると10個になります。
　②袋のプリンを2個と1個に分けます。
　③袋の中から，2個箱に移します。

④箱に10個，袋に1個になります。
⑤プリンは，合わせて11個です。

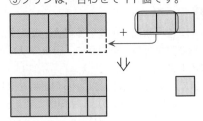

2 **1**と同様，繰り上がりのあるたし算になります。
（方法1）たす数を分解する方法

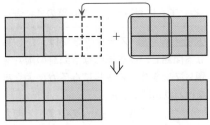

（方法2）たされる数を分解する方法

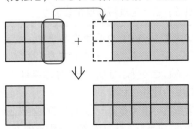

ここに注意 繰り上がりのあるたし算のポイントは，「10のまとまりをつくる」ことです。すぐに答えが出てくるようになるまで，練習をさせましょう。

4 「もらうと」の言葉に着目します。増加の場面なので，たし算をします。

ステップ2　　　　　　　　30〜31 ページ

1 （しき）9＋4＝13　（こたえ）13びき
2 （しき）7＋8＝15　（こたえ）15まい
3 （しき）5＋6＝11　（こたえ）11にん
4 （しき）7＋7＝14　（こたえ）14にん
5 （しき）6＋9＝15　（こたえ）15わ
6 （しき）4＋8＝12　（こたえ）12にん
7 はこに　ぼおるを　9こ　いれました。
　あと　7こ　ぼおるが　はいります。
　はこには　ぜんぶで　16こ　ぼおるが
　はいります。

アドバイス

❸ 「みんなで」の言葉に着目します。6を5と1に
分け、5と5で10としてから10と1で11と
なります。また、5を1と4に分け、4と6で
10、1と10で11としてもよいです。

❼ 9＋7＝16 の式と絵を見比べて9、7、16がど
んな数を表しているか読み取らせます。

❸ 「違いの数」を求めるので、ひき算をします。

❺ まず、チョコレートの方が多いことを答えさせ
ます。16－9の計算は、まず16を10と6に
分け、10から9をひいて1、1と6で7としま
す。また、9を6と3に分け、16から6をひい
て10、10から3をひいて7としてもよいです。

---

8 ひきざんで かんがえよう ②

ステップ1　　　　　　32～33 ページ

❶ （しき）12－3＝9　（こたえ）9こ

❷ （しき）13－9＝4　（こたえ）4こ

❸ （しき）11－6＝5　（こたえ）5こ

❹ （しき）15－8＝7　（こたえ）7まい

❺ （しき）16－9＝7
（こたえ）ちょこれえとが　7こ　おおい。

アドバイス

❶ 「残りの数」を求めるので、ひき算をします。計
算は繰り下がりのあるひき算です。図を使って、
次のようなイメージをさせます。
　①箱の外のチョコレートを2個と、箱の中のチ
　ョコレートを1個食べます。
　②箱の中のチョコレートは9個になります。

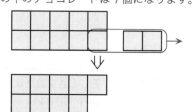

❷ ❶と同様、繰り下がりのあるひき算になります。
次のようなイメージをさせます。
　①10個入りのパックから9個使うと、1個残り
　ます。
　②1個と3個で4個になります。

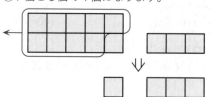

❶のように、ばらの3個を使ってから、10個入
りのパックから6個使うという考え方でもよい
です。

ステップ2　　　　　　34～35 ページ

❶ （しき）14－5＝9　（こたえ）9こ

❷ （しき）12－8＝4　（こたえ）4まい

❸ （しき）15－7＝8　（こたえ）8ほん

❹ （しき）16－8＝8　（こたえ）8こ

❺ （しき）11－5＝6　（こたえ）6にん

❻ （しき）13－6＝7
（こたえ）まなさんが　7かい　おおい。

❼ （しき）12－7＝5　（こたえ）5さい

❽ （しき）17－9＝8　（こたえ）8もん

アドバイス

❶ ステップ1では、図がヒントとしてかかれてい
ますが、ステップ2では、図がありません。わか
りにくい場合は、自分で□を使った図をかいて
考えさせます。

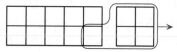

繰り下がりのあるひき算は重要です。よく練習
させましょう。

❽ 17問を10問と7問に分け、10問のうち9問
を解くと、残りは1問です。この1問と残りの
7問で、8問になります。

---

9 3つの かずの けいさん

ステップ1　　　　　　36～37 ページ

❶ (1)（しき）6＋2＋1＝9　（こたえ）9だい
　(2)（しき）6－2－1＝3　（こたえ）3だい
　(3)（しき）6－2＋1＝5　（こたえ）5だい

アドバイス

❶ (1)増加したときはたし算をします。2回増加し
　ているので、たし算を2回することになりま

す。3つの数の計算は，前から順にします。

$6+2+1=9$

(2) 減少したときはひき算をします。2回減少しているので，ひき算を2回することになります。

$6-2-1=3$

(3) 減少したときはひき算を，増加したときはたし算をするので，ひき算とたし算が混じった式になります。このような式の場合も，前から順に計算します。

$6-2+1=5$

ステップ2　　　38～39ページ

1 (しき)$3+4+3=10$　(こたえ)10にん
2 (しき)$10-3-2=5$　(こたえ)5わ
3 (しき)$9-3+4=10$　(こたえ)10にん
4 (しき)$6+4-3=7$　(こたえ)7まい
5 (しき)$10+5+4=19$　(こたえ)19ほん
6 (しき)$16-6-5=5$　(こたえ)5こ
7 (しき)$10+9-3=16$　(こたえ)16にん

🖐 **アドバイス**

1 2回増加している場面です。2回たし算をします。

$3+4+3=10$

2 「とんで　いきました」の言葉から，減少したことを読み取ります。2回減少している場面なので，2回ひき算をします。

$10-3-2=5$

3 「かえりました」の言葉から減少したことを，「き

ました」の言葉から増加したことを読み取ります。

$9-3+4=10$

4 折り紙を，「もらう」と増加し，「使う」と減少します。

$6+4-3=7$

5 3つの数を合わせた（合併）数を求める問題です。「合わせた数」は，たし算で求めます。

$10+5+4=19$

6 2回減少する場面です。

$16-6-5=5$

7 まず，$10+9$ で，公園にいた子どもの人数を求めます。次に，「3人帰った」ので，ひき算をして，残りの人数を求めます。

$10+9-3=16$

┌─────────────────────┐
ここに注意 正しく式を書きましょう。
$2+3+4=5+4=9$…正しい
$2+3=5+4=9$…間違い
└─────────────────────┘

6～9
ステップ3　　　40～41ページ

1 くろい　おりがみ
2 (しき)$6+7=13$　(こたえ)13ぼん
3 (しき)$13-8=5$
　(こたえ)さなえさんが　5こ　おおい。
4 (しき)$9+8=17$　(こたえ)17ほん
5 (しき)$11-3=8$　(こたえ)8こ

6 (1)（しき）7＋10＝17　（こたえ）17にん
　　(2)（しき）10－7＝3
　　　　（こたえ）おんなのこが　3にん　おおい。

7 （しき）12＋5－7＝10　（こたえ）10こ

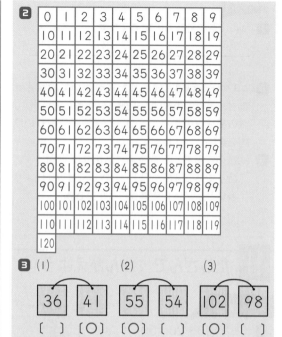

2

0	1	2	3	4	5	6	7	8	9
10	11	12	13	14	15	16	17	18	19
20	21	22	23	24	25	26	27	28	29
30	31	32	33	34	35	36	37	38	39
40	41	42	43	44	45	46	47	48	49
50	51	52	53	54	55	56	57	58	59
60	61	62	63	64	65	66	67	68	69
70	71	72	73	74	75	76	77	78	79
80	81	82	83	84	85	86	87	88	89
90	91	92	93	94	95	96	97	98	99
100	101	102	103	104	105	106	107	108	109
110	111	112	113	114	115	116	117	118	119
120									

3 (1)　　　　　(2)　　　　　(3)

36	41		55	54		102	98
〔　〕	〔〇〕		〔〇〕	〔　〕		〔〇〕	〔　〕

アドバイス

1 (1)10のまとまりがいくつとばらがいくつかに
　　着目します。
　　(3)10が10個集まると100です。
　　(4)100と4で104です。
　　　　└─十の位の数字は0です。
　　(6)100と20で120です。

3 (1)十の位から比べます。
　　(2)十の位が同じなので，一の位で比べます。
　　(3)3けたの数は2けたの数より大きいです。

ステップ2　　　　　　　　　44〜45 ページ

1 (1)（順に）9，7　(2)7　(3)96　(4)3

2 (1)①（順に）1，0，9　②9
　　(2)（れい）100より　9　大きい　かずです。

3 (1)はると 76 円，まさき 63 円，
　　　こうた 110 円
　　(2)はると　まさき　こうた
　　　〔〇〕　〔　〕　〔〇〕

4 (1)

37	38	39	40	41	42

(2)

60	70	80	90	100	110

(3)

103	102	101	100	99	98

アドバイス

1 赤い折り紙は 14 枚，黒い折り紙は 20 枚です。
　14 と 20 の大小比較をします。

2 「あわせて」だから，たし算をします。繰り上が
　りのあるたし算です。7を4と3に分けます。
　6と4で10，10と3で13です。

3 「違いの数」は，多いほうの数から少ないほうの
　数をひいて求めます。繰り下がりのあるひき算
　です。13を10と3に分けます。10から8を
　ひいて2，2と3で5です。

4 増加の場面なので，たし算をします。繰り上が
　りのあるたし算です。8を1と7に分けます。
　9と1で10，10と7で17です。

5 減少の場面なので，ひき算をします。繰り下が
　りのあるひき算です。11を10と1に分けます。
　10から3をひいて7，7と1で8です。

6 1つの場面から，違った数量を求めます。
　(1)では，「合わせた数」を求めるので，たし算を
　　します。
　(2)では，「違いの数」を求めるので，ひき算をし
　　ます。

7 「もらう」と，おはじきの数は増えるのでたし算
　をします。「あげる」と，おはじきの数は減るの
　でひき算をします。これを1つの式に表します。
　計算は前から順にします。

　12＋5－7＝10
　　└─┘
　　　17
　　└────┘
　　　　10

　式の立て方を間違えた場合は，36〜39 ページ
　を復習させましょう。計算は 26〜27 ページを
　復習させましょう。

---

10 **大きい　かず**

ステップ1　　　　　　　　　42〜43 ページ

1 (1)23本　(2)40本
　　(3)100本　(4)104本
　　(5)115本　(6)120本

左段

1 (3), (4)数の線をもとに考えます。

90　　　　　96 97　　　100

次　3小さい

2 43 ページ**2**で完成させた表を用いて考えさせます。表の中の数は，規則正しく並んでいます。数の構成を考えることで，十進法と位取りの原理を身につけさせます。

3 (2)数の学習を，日常生活に活用する場面です。持っている金額が 70 円，もしくは 70 円より多いと，ノートを買うことができます。

---

11 たしざんで　かんがえよう ③

ステップ1　　　　　46〜47 ページ

1 (しき)30+20=50　(こたえ)50 本
2 (しき)25+4=29　(こたえ)29 本
3 (しき)6+32=38　(こたえ)38 本
4 (しき)50+10=60　(こたえ)60 円
5 (しき)50+50=100　(こたえ)100 円
6 (しき)50+5+1=56　(こたえ)56 円

 アドバイス

1 10 本の束が，(3+2) 個になります。10 が 5 個で 50 です。

2 10 本の束と，ばらに分けて考えます。10 本の束が 2 個と，ばらが (5+4) 本になります。

3 (1 けた)+(2 けた) の計算です。
2と同様，10 本の束と，ばらに分けて考えます。10 本の束が 3 個と，ばらが (6+2) 本になります。

4 50 円玉 1 枚を，10 円玉 5 枚に置き換えます。10 円玉が (5+1) 枚分になります。

5 **4**と同様に考えると，10 円玉が 5+5=10 (枚分) です。10 が 10 個で 100 です。

6 50+5+1=56
　　　55
　　　　56

56 円にする方法は，他にも 10 円玉 5 枚と 1 円玉 6 枚など，いろいろあります。日常生活の中で機会を与え，経験を積ませてあげましょう。

右段

ステップ2　　　　　48〜49 ページ

1 (しき)40+30=70　(こたえ)70 まい
2 (しき)42+5=47　(こたえ)47 まい
3 (しき)4+65=69　(こたえ)69 こ
4 (しき)80+8=88　(こたえ)88 ページ
5 (1)70 円
　(2)(しき)70+30=100　(こたえ)100 円
6 (1)(しき)60+30+5=95
　(こたえ)95 円
　(2)(しき)40+40=80　(こたえ)80 円

 アドバイス

1 10 枚の束が (4+3) 個になるので，70 枚です。

4 これまでに読んだページ数と，これから読むページ数を合わせたページ数を求めるので，たし算になります。

5 (1)50 円玉を 10 円玉 5 枚に置き換えると，10 円玉が (5+2) 枚分になるので，70 円になります。
たし算の式に表すと，50+10+10=70 となります。

6 (1)それぞれの値段を合わせた金額を求めます。
60+30+5=95
　　90
　　　95

(2)わかりにくいようでしたら，せんべいを 2 個，絵にかいて見せてあげます。

40　+　40　=　80

---

12 ひきざんで　かんがえよう ③

ステップ1　　　　　50〜51 ページ

1 (しき)50-20=30　(こたえ)30 まい
2 (しき)28-3=25　(こたえ)25 まい
3 (しき)24-4=20　(こたえ)20 本
4 (しき)32-30=2　(こたえ)2 本
5 (しき)40-30=10　(こたえ)10 本

 アドバイス

1 10 枚の束が，(5-2) 個になります。10 が 3 個で 30 です。

2 10枚の束と，ばらに分けて考えます。10枚の束はそのままで，ばらの8枚から3枚とると，残りは5枚になります。10枚の束が2個と，ばらが5枚で，25枚になります。

3 比べる2つの物を上下にそろえてかくと，違いがどれだけなのかが視覚的にわかりやすくなります。

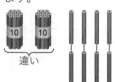

式は（多いほうの数）−（少ないほうの数）になります。

4 **3**と同様に，「違いの数」を求めます。

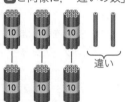

┌─────────────────────────┐
│ ▶**ここに注意** この単元では，繰り下がり
│ のない（2けた）−（1けた），（2けた）−
│ （何十），（何十）−（何十）の計算を扱います。
│ 問題の図は，すべて，10枚や10本の束と
│ ばらで示されていることに着目させましょ
│ う。**束どうし，ばらどうしを計算すること**
│ **がポイントです。**
└─────────────────────────┘

ステップ2　　　　　52〜53ページ

1 （しき）70−50=20　（こたえ）20こ
2 （しき）46−4=42　（こたえ）42だい
3 （しき）37−7=30　（こたえ）30さい
4 （しき）45−40=5　（こたえ）5人
5 （しき）29−20=9　（こたえ）9人
6 （しき）100−90=10　（こたえ）10こ
7 （しき）85−80=5　（こたえ）5円
8 （しき）100−60=40　（こたえ）40円

👉**アドバイス**

1 ステップ2では，問題に図が示されていません。わかりにくそうな場合は，図に示してあげます。

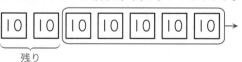

┌─────────────────────────┐
│ ▶**ここに注意** 前の図で，残りは，10のま
│ とまりが2個で20です。2ではないとい
│ うことに注意します。
└─────────────────────────┘

2 車46台を，10台の束4個とばら6台に分けます。

3 年齢は，目に見えない抽象的なものですが，これまでと同じように10のまとまりとばらに分けた図に表すことができます。

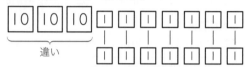

4 「違いの数」は，多いほうの数から少ないほうの数をひいて求めます。

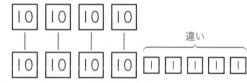

5 バスに乗っている人全体から，大人を除くと，残りはすべて子どもであることに気づかせます。

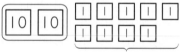

6

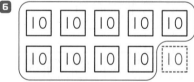

┌─────────────────────────┐
│ ▶**ここに注意** 100を10が10個に置き
│ 換えることがポイントです。
└─────────────────────────┘

7

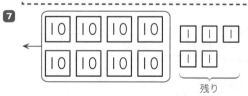

8

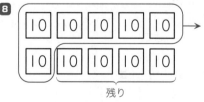

ステップ**3**　54~55 ページ

❶ (1) 63
　(2) 120
　(3) 96
　(4) 32 → 63 → 94 → 96 → 104 → 120

❷ (しき) 100−70=30　(こたえ) 30 円

❸ (1) (しき) 40+60=100　(こたえ) 100 こ
　(2) (しき) 60−40=20　(こたえ) 20 こ

❹ (1) (しき) 34−4=30　(こたえ) 30 まい
　(2) (しき) 25+4=29　(こたえ) 29 まい

アドバイス

❷ 100 円を，10 円が 10 個に置き換えます。

残り

❸ (1) 10 のまとまりがいくつになるかを考えます。

ひとみ
かよ

10 のまとまりが 10 個で 100 です。
　(2)「違いの数」は，(多いほうの数)−(少ないほうの数) の式で求めます。

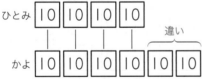

ひとみ
かよ
違い

❹ あすかさんが妹に 4 枚あげたので，あすかさんは 4 枚減って，妹は 4 枚増えたことを，文章から読み取ることが最大のポイントです。

13 ながさくらべ

ステップ**1**　56~57 ページ

❶ (1) ア　(2) イ

❷ (1) たて　(2) よこ

❸ (1) 4　(2) 6　(3) 2

❹ (1) ウ → ア → イ → エ
　(2) 4 つぶん

アドバイス

❶ (1) 左端がそろっていることを確認してから，右端の位置を比較します。
　(2) 曲がっているイのテープをのばすと，アより長くなります。

❷ (1) 折り重ねることで，横の長さを写しています。
　(2) 印をつけることで，たての長さを写しています。

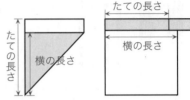

❸ (3) 任意単位を用いると，長さの違いも計算で求めることができます。
　6−4=2 で，2 個分です。

❹ (1) ます目のいくつ分かで，長さを表します。
　ア…6 つ分，イ…4 つ分，ウ…7 つ分，
　エ…3 つ分
　(2) ウとエの長さの違いは，7−3=4 (つ分) です。

ステップ**2**　58~59 ページ

❶ (1) ア　(2) イ　(3) 2 まいぶん

❷ ア

❸ イが 2 こぶん ながい。

❹ よこが 3 本ぶん ながい。

❺ (1) 3 りょうぶん　(2) 9 りょう

アドバイス

❷ ます目いくつ分かを比べます。

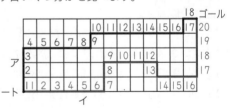

短いのはアです。

❸ ア…クリップ 8 個分，イ…クリップ 10 個分だから，イが，10−8=2 (個分) 長いです。

❺ (1) 白い電車は 8 両で，トンネルの外に 5 両出ています。トンネルの長さは，8−5=3 (両分) です。
　(2) 赤い電車はトンネルの外に 6 両出ていて，トンネルの長さは 3 両分だから，全部で，
　6+3=9 (両) です。

14 かさくらべ

❶ (1)(順に)**ア**，**ア**
　(2)(順に)**イ**，**イ**
❷ (1)(順に)10，4
　(2)6
　(3)14
　(4)ア

イ

👆**アドバイス**

❶ (1)同じ大きさのコップで比べるときは入っているところの高さで比較します。
　(2)同じ高さまで入っているので，底の広さで比較します。
❷ (1)〜(3)**ア**は**イ**より，10−4＝6（はい分）多く入ります。**ア**と**イ**を合わせると，10＋4＝14（はい分）入ります。
　(4)(1)より，**ア**のほうが多く入ることがわかります。同じ大きさの容器に移しかえると，**ア**のほうが水面が高くなります。

❶ イ→ウ→ア
❷ (1)ア
　(2)ウ
　(3)ウ→ア→イ
❸ ア→ウ→イ
❹ やかんが　3ばいぶん　おおい。
❺ 10ぱいぶん
❻ 8はいぶん

👆**アドバイス**

❷ (3)**ア**は**イ**より多く，**ウ**より少ないです。
❺ 合わせたかさを求めるので，たし算をします。
　7＋3＝10（はい分）
❻ 残りのかさを求めるので，ひき算をします。
　10−2＝8（はい分）

15 ひろさくらべ

❶ (1)イ，ア，イ
　(2)ア，イ，ア
❷ (1)10，12，12，10，2，イ，2
　(2)9，10，10，9，1，イ，1

❶ イ→ア→ウ
❷ ウ→イ→ア
❸ イ→ウ→ア
　りゆう…(れい) **ア**は　5ますぶん，**イ**は　7ますぶん，**ウ**は　6ますぶんの　ひろさだから。
❹ (1)あきらさん　14ますぶん，
　　まみさん　11ますぶん
　(2)あきらさん
❺ (1)6ますぶん　(2)4ますぶん
　(3)イが　2ますぶん　ひろい。

👆**アドバイス**

❺ (1)**ア**は8ます分の広さですが，**イ**を重ねたことで，2ます分しか見えなくなっています。**イ**によって，8−2＝6（ます分）かくれたことになるので，**イ**の広さは6ます分です。
　(2)8−4＝4（ます分）
　(3)**イ**は6ます分，**ウ**は4ます分だから，違いは，6−4＝2（ます分）です。

❶ ウ→イ→ア
❷ (1)(れい)かさねるだけで，かんたんに　くらべられる。
　(2)(れい)どのくらい　ちがうかが　ますの　いくつぶんで　わかる。
❸ ウ→ア→イ
❹ ゆうとさんが　10こぶん　ながい。
❺ まゆさん
　りゆう…(れい)ますは　ぜんぶで　20ますあります。かなさんが　5ます，あいさん

が 7ます とったので, まゆさんが と
ったのは のこりの 8ますだから。

アドバイス

❸ まず, **ア**と**イ**を比べます。同じ大きさの入れ物
なので, 水面の高さで比較します。**ア**は 2 目盛
り分, **イ**は 1 目盛り分なので, **ア**のほうが多いで
す。
次に, **ア**と**ウ**を比べます。どちらも 2 目盛り分
ですが, 入れ物の底の広さが異なることに着目
させます。同じ高さなら, 底の広いほうが多く
入っていることを理解させます。

> **ここに注意** **ア**と**イ**を比べた後, **イ**と**ウ**
> を比べた場合, さらに**ア**と**ウ**の比較が必要
> となります。実物を使って, 経験を積ませ
> るとよいでしょう。

❺ 図に色を塗って, まゆ
さんのとったますの数
を調べます。

かな　　　　　　あい

まゆ ☐

16 いろいろな かたち

ステップ **1**　　　　　70〜71 ページ

❶

かどが 3つ
ある かたち

かどが 4つ
ある かたち

かどが ない
かたち

まる　　　さんかく　　　しかく

❷ (1) 3
(2) (れい)

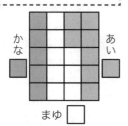

---

❸ (1) 4
(2) (れい)

ステップ **2**　　　　　72〜73 ページ

❶ (1) **ア** まる　**イ** さんかく　**ウ** しかく
(2) **ア**
(3) **イ**と**ウ**
(4) **ウ**
りゆう…(れい) かどが 4つ あるから。

❷ (1) 5, 7, 9
(2) 1, 4, 6, 11, 12
(3) 2, 3, 8, 10

❸ (1)

(2) (れい)

アドバイス

❷ 大きさや向きに惑わされず, かどの数に着目さ
せます。

❸ 同じ図から必要な線をかきたして, 三角形と四
角形を作図します。
「さんかく」は, 3 つの点を 3 本のまっすぐな線
(直線)でむすんだ形,「しかく」は, 4 つの点を
4 本のまっすぐな線(直線)でむすんだ形
であることを理解させます。

17 かたちづくり

ステップ **1**　　　　　74〜75 ページ

❶ (1) 2 まい　(2) 2 まい　(3) 2 まい
(4) 2 まい　(5) 4 まい　(6) 4 まい
(7) 8 まい　(8) 8 まい　(9) 4 まい

2 (1)3本 (2)4本 (3)5本 (4)6本
(5)12本 (6)9本 (7)12本 (8)16本

☞ アドバイス

1 色板を合わせるときは，同じ長さの部分どうし
を合わせます。実際に厚紙等を使って，組み合
わせてみるとよいでしょう。

ステップ2　　　76〜77 ページ

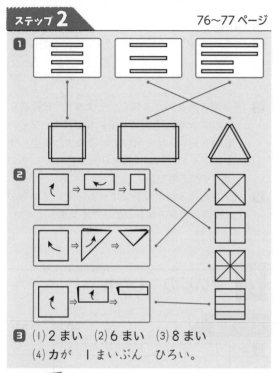

3 (1)2まい (2)6まい (3)8まい
(4)カが　1まいぶん　ひろい。

☞ アドバイス

1 棒の数と長さの違いに着目します。また，でき
た形の名前を答えさせてみましょう。左の2つ
は，どちらも四角ですが，「ましかく」と「ながし
かく」に区別することもあります。

3 線をかき入れて区切って数えます。

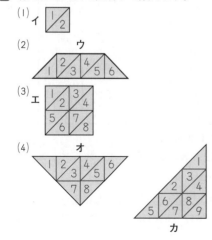

18　つみ木と　かたち

ステップ1　　　78〜79 ページ

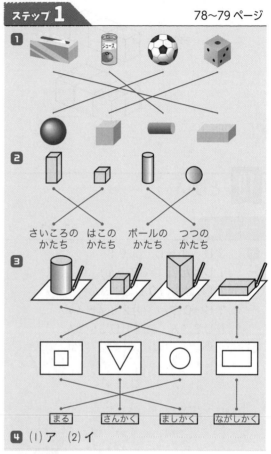

4 (1)ア (2)イ

☞ アドバイス

3 真上から見た形をイメージさせます。実物で体
験させることも良い学習となります。平面図形
の名まえも覚えておきます。「ましかく」と「な
がしかく」の違いにも着目させましょう。

ステップ2　　　80〜81 ページ

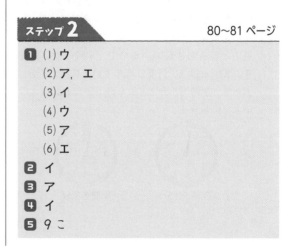

1 (1)ウ
(2)ア，エ
(3)イ
(4)ウ
(5)ア
(6)エ
2 イ
3 ア
4 イ
5 9こ

15

5 見えない所にあるつみ木を数え忘れないように
注意しましょう。

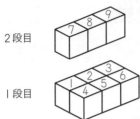

2段目

1段目

19 とけい

1 (1) 3 じ (2) 6 じ (3) 9 じ
(4) 1 じはん(1 じ 30 ぷん)
(5) 10 じはん(10 じ 30 ぷん)
(6) 7 じ 10 ぷん　(7) 2 じ 45 ふん
(8) 6 じ 8 ぷん　(9) 11 じ 36 ぷん

2 (1) 　(2) 　(3)
(4) 　(5) 　(6)

3 (1) ウ (2) イ (3) ア (4) イ→ウ→ア

1 短い針がさす数字で「何時」をよみます。針が数
字と数字の間にあるときは，小さいほうの数字
(12 と 1 の間にあるときは 12)をよみます。長
い針がさす目盛りで「何分」をよみます。

3 イの時計は，短い針が数字の 3 と 4 の間の 4 に
近いところをさしているので，4 時の少し前で
す。長い針は 58 目盛り進んでいるので 58 分。
よって，3 時 58 分です。4 時 58 分と間違えな
いようにします。

3 時 58 分　　　4 時 58 分

1 7 じ

2 (1) 8 じ (2) 8 じ 10 ぷん (3) あやかさん
3 (1) 3 じ 50 ぷん　(2) 4 じ 25 ふん　(3) イ
4 (1) 7 じ 54 ぷん (2) できる

2 (3)長針は右のように進みます。

3 (3)公園を出たのが 4 時 25 分なので，家に着い
たのは，4 時 25 分より後になります。アの時
計は 3 時 40 分を示しているので，該当しま
せん。イの時計は 4 時 40 分を示しているの
で，イが正解です。

4 お父さんは 8 時より前にホームに着いているの
で，8 時の電車に乗ることができます。

20 せいりの　しかた

1 (1)

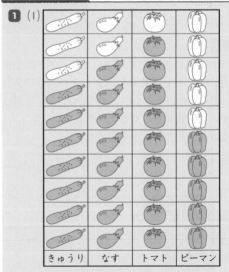

(2)(上から順に)

〇，×，〇，〇，×，×，×，×，〇

1 (1)数え落としや重なりがないように，印をつけ
ながら，下から順に色を塗っていきます。

(2)絵グラフを読み取ります。正しくない文を正しくなるように訂正させると，さらに効果的な学習になります。

(例) なすは9本あります。
└→ 8

1 (1)
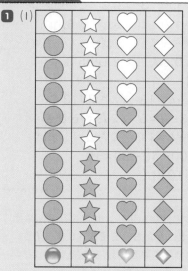

(2) ○…9まい　☆…4まい　♡…6まい
　　◇…7まい

(3) (左から順に) 1, 4, 3, 2

2 (1) トライアングル

(2) タンブリン

(3) 3つ

(4) 4つ

(5) (れい) 2つ　ある　がっきは　ラッパです。

(れい) トライアングルは　ハーモニカより　2つ　おおいです。

2 絵グラフに整理することで，数量の多少が一目でわかりやすくなります。グラフの利点に気づかせましょう。

1 (1) 2 じ 50 ぷん

(2)
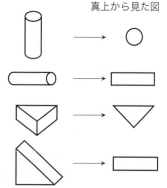

(3) ウで，3 じ 5 ふん

2
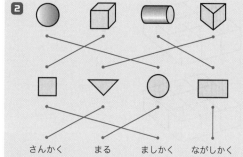

さんかく　　まる　　ましかく　　ながしかく

3 (1) 4 まい　(2) 8 まい

4 18 こ

アドバイス

1 (1)短い針が，数字の 2 と 3 の間をさしているので，3 時の少し前で，2 時台です。長い針が数字の 10 をさしているので，2 時 50 分です。

(2)3 時ちょうどの時，長い針は数字の 12 をさします。3 時 8 分は，そこから 8 目盛り進んだところをさします。

間違えた場合は，82〜85 ページを復習させましょう。

(3)2 時 50 分から 3 時 8 分の間に見られる時計を選びます。間違えた場合は，実際の時計の針を動かして確認させましょう。

2 立体が置かれている向きに注意が必要です。

真上から見た図

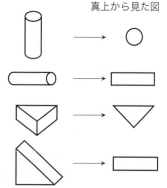

3 図に線をかき入れて調べさせます。

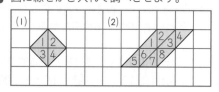

2段目

1段目

そうふくしゅうテスト① 92～93 ページ

❶ (1) 12まい　(2) 70まい　(3) 108まい
❷ 赤ぐみ
❸ 80, 81, 82, 83, 84, 85, 86, 87, 88, 89
❹ 100まい
❺ (みんなで)・ちがいは
❻ (もらうと・あげると)
❼ (1)(しき)3+0=3　(こたえ)3こ
　(2)(しき)2-2=0　(こたえ)0こ

アドバイス

❶ 数のしくみの理解を確かめる問題です。間違えたら，単元6「20までの　かず」や単元10「大きい　かず」を復習しましょう。

❷ 32と23の大小を比較します。十の位から比較します。間違えたら，単元10「大きい　かず」を復習しましょう。

❸ 1から100までの数の表をつくらせ，その数の表を用いて考えさせるようにしましょう。数の表の中には，いろいろなひみつがかくれています。十の位と一の位が規則正しく並んでいます。

❹ 99の次の数は100です。

❺ たし算は，合わせた数を求める計算だから，「みんなで」を選びます。
式は，5+3=8 で，答えは8人になります。「違いの数」は，ひき算で求めます。

❻ ひき算は，減少する場面の計算だから，「あげると」を選びます。
式は，8-3=5 で，答えは5まいになります。
「もらうと」は，増加する場面だから，たし算の式になります。

❼ 「0」という数の概念や計算を確かめる問題です。間違えた場合は，15ページ❺や19ページ❺を復習させましょう。

そうふくしゅうテスト② 94～96 ページ

❶ ボールの　かたち　5つ
　つつの　かたち　3つ
　はこの　かたち　2つ
❷ イが　ますの　3つぶん　ながい。
❸ アが　ますの　1つぶん　ひろい。
❹ みかんジュースが　3ばいぶん　おおい。
❺ (1)8じ10ぷん　(2)2じ55ふん
❻ 7ばん目
❼ (しき)9+4=13　(こたえ)13こ
❽ (しき)13-7=6　(こたえ)6ぴき
❾ (しき)7+4=11　(こたえ)11まい
❿ (しき)100-40-50=10
　(こたえ)10円

アドバイス

❶ 立体図形を分類します。間違えたら，単元18「つみ木と　かたち」を復習させましょう。

❷ アは5つ分，イは8つ分です。
違いは，8-5=3（つ分）です。
間違えたら，単元13「ながさくらべ」を復習させましょう。

❸ ますの数を数えます。アは15個分，イは14個分です。間違えたら，単元15「ひろさくらべ」を復習させましょう。

❹ コップの数で比較します。違いは，10-7=3（ばい分）です。間違えたら，単元14「かさくらべ」を復習させましょう。

❺ (1)短い針は8を少し過ぎたところをさしているので，8時台です。長い針は数字の2をさしているので，8時10分です。
(2)短い針が3の少し前をさしているので，2時台です。長い針は数字の11をさしているので，2時55分です。

❻ ○を12個かきます。後ろから5つの○をまとめます。後ろから6番目の○に，「すみれさん」の印をつけます。すると，すみれさんは，前から7番目です。
(図の例)

```
         ┌──── 12人 ────┐
              すみれ
まえ ○○○○○●○○○○○○ うしろ
                └── 5人 ──┘
```

この問題は，ひき算の発展にあたる問題です。全体の数から，後ろに並んでいる人数をひくと，（すみれさんを含めた）前に並んでいる人数を求

めることができます。式は 12－5＝7 となります。

┌─────────────────────────────────┐
ここに注意 順序数を含む加法や減法については，子どもたちが，今まで学習してきたものと同じ場面であることをとらえることが大切です。このような学習をして，順序数と集合数の理解を深めていく必要があるのです。
└─────────────────────────────────┘

7 「多いほうの数」を求める問題です。

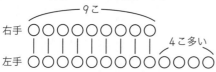

8 「少ないほうの数」を求める問題です。

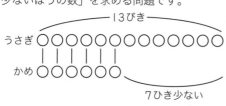

9 出したはがきは7枚です。

10 「おつり」は「残りの金額」と考えて，ひき算で式を立てます。間違えたら，100 円を 10 円玉 10 枚にかえて，図に表させます。

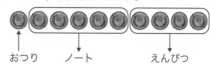

（別解）40＋50＝90, 100－90＝10 と式を2つに分けても正解です。